科学是永无止境的，它是一个

……斯坦

"中国制造2025"
出版工程

"十三五"国家重点出版物
出版规划项目

"中国制造2025"
出版工程

攀爬机器人技术

房立金　魏永乐　陶广宏　著

化学工业出版社

·北　京·

《攀爬机器人技术》以架空输电线路巡检机器人和壁面攀爬机器人为典型实例,详细介绍了相关机器人移动机构、嵌入式控制系统、通信以及能源系统等的设计与实现。

　　本书可供从事机器人及相关领域的科研和技术人员参考。

图书在版编目 (CIP) 数据

攀爬机器人技术/房立金,魏永乐,陶广宏著.—北京:
化学工业出版社,2019.10
"中国制造 2025"出版工程
ISBN 978-7-122-34799-2

Ⅰ.①攀⋯　Ⅱ.①房⋯②魏⋯③陶⋯　Ⅲ.①机器人技术
Ⅳ.①TP24

中国版本图书馆 CIP 数据核字 (2019) 第 131259 号

责任编辑:邢　涛　　　　　　　　　　文字编辑:陈　喆
责任校对:王素芹　　　　　　　　　　装帧设计:尹琳琳

出版发行:化学工业出版社 (北京市东城区青年湖南街 13 号　邮政编码 100011)
印　　装:三河市延风印装有限公司
710mm×1000mm　1/16　印张 12¼　字数 225 千字　2020 年 3 月北京第 1 版第 1 次印刷

购书咨询:010-64518888　　　　　　　售后服务:010-64518899
网　　址:http://www.cip.com.cn
凡购买本书,如有缺损质量问题,本社销售中心负责调换。

定　　价:79.00 元

序

　　制造业是国民经济的主体,是立国之本、兴国之器、强国之基。 近十年来,我国制造业持续快速发展,综合实力不断增强,国际地位得到大幅提升,已成为世界制造业规模最大的国家。 但我国仍处于工业化进程中,大而不强的问题突出,与先进国家相比还有较大差距。 为解决制造业大而不强、自主创新能力弱、关键核心技术与高端装备对外依存度高等制约我国发展的问题,国务院于 2015 年 5 月 8 日发布了"中国制造 2025"国家规划。 随后,工信部发布了"中国制造 2025"规划,提出了我国制造业"三步走"的强国发展战略及 2025 年的奋斗目标、指导方针和战略路线,制定了九大战略任务、十大重点发展领域。 2016 年 8 月 19 日,工信部、国家发展改革委、科技部、财政部四部委联合发布了"中国制造 2025"制造业创新中心、工业强基、绿色制造、智能制造和高端装备创新五大工程实施指南。

　　为了响应党中央、国务院做出的建设制造强国的重大战略部署,各地政府、企业、科研部门都在进行积极的探索和部署。 加快推动新一代信息技术与制造技术融合发展,推动我国制造模式从"中国制造"向"中国智造"转变,加快实现我国制造业由大变强,正成为我们新的历史使命。 当前,信息革命进程持续快速演进,物联网、云计算、大数据、人工智能等技术广泛渗透于经济社会各个领域,信息经济繁荣程度成为国家实力的重要标志。 增材制造(3D 打印)、机器人与智能制造、控制和信息技术、人工智能等领域技术不断取得重大突破,推动传统工业体系分化变革,并将重塑制造业国际分工格局。 制造技术与互联网等信息技术融合发展,成为新一轮科技革命和产业变革的重大趋势和主要特征。 在这种中国制造业大发展、大变革背景之下,化学工业出版社主动顺应技术和产业发展趋势,组织出版《"中国制造 2025"出版工程》丛书可谓勇于引领、恰逢其时。

　　《"中国制造 2025"出版工程》丛书是紧紧围绕国务院发布的实施制造强国战略的第一个十年的行动纲领——"中国制造 2025"的一套高水平、原创性强的学术专著。 丛书立足智能制造及装备、控制及信息技术两大领域,涵盖了物联网、大数据、3D 打印、机器人、智能装备、工业网络安全、知识自动化、人工智能等一系列核心技术。丛书的选题策划紧密结合"中国制造 2025"规划及 11 个配套实施指南、行动计划或专项规划，每个分册针对各个领域的一些核心技术组织内容，集中体现了国内制造业领域的技术发展成果，旨在加强先进技术的研发、推广和应用，为"中国制造 2025"行动纲领的落地生根提供了有针对性的方向引导和系统性的技术参考。

这套书集中体现以下几大特点：

首先，丛书内容都力求原创，以网络化、智能化技术为核心，汇集了许多前沿科技，反映了国内外最新的一些技术成果，尤其使国内的相关原创性科技成果得到了体现。这些图书中，包含了获得国家与省部级诸多科技奖励的许多新技术，因此，图书的出版对新技术的推广应用很有帮助！这些内容不仅为技术人员解决实际问题，也为研究提供新方向、拓展新思路。

其次，丛书各分册在介绍相应专业领域的新技术、新理论和新方法的同时，优先介绍有应用前景的新技术及其推广应用的范例，以促进优秀科研成果向产业的转化。

丛书由我国控制工程专家孙优贤院士牵头并担任编委会主任，吴澄、王天然、郑南宁等多位院士参与策划组织工作，众多长江学者、杰青、优青等中青年学者参与具体的编写工作，具有较高的学术水平与编写质量。

相信本套丛书的出版对推动"中国制造 2025"国家重要战略规划的实施具有积极的意义，可以有效促进我国智能制造技术的研发和创新，推动装备制造业的技术转型和升级，提高产品的设计能力和技术水平，从而多角度地提升中国制造业的核心竞争力。

中国工程院院士 潘垚鹄

前言

　　当前，机器人已从初期的简单概念过渡到实际应用阶段，机器人已成为传统机械设备智能化最为典型的标志性系统。 机器人及其相关技术正在深入渗透到人们生产生活的各个方面，正在促进相关技术的深刻变革。

　　机器人技术的进步是无止境的，目前机器人的普遍应用并不代表机器人技术已达到顶峰阶段。 相反，机器人技术本身还存在着方方面面的问题，在理论、方法、设计以及工艺实现等方面还存在诸多问题需要加以研究解决。 比如，工业机器人的功能和技术指标还有待进一步提高，在一些场合下，机器人在灵活性和精密性等方面还不能满足人们的应用需求，在人和机器人交互过程中机器人的性能还不够理想，机器人还不能取代人来完成一些对柔顺性要求高的工作。 这些问题的解决还依赖于机器人相关理论和技术的进步，机器人的设计水平也有待进一步提高。

　　在地面及架空环境中作业的攀爬机器人是机器人家族中的重要一员。 人们希望机器人能够像人和动物一样，能够灵活地在地面及各种架空环境中开展各种各样的活动。 但机器人的攀爬运动对机器人的设计提出了更高的要求，相关的技术涵盖了机器人移动机构、嵌入式控制系统、无线通信、能源系统以及体积重量等诸多方面，集成设计难度大，实际应用中对机器人的技术约束和限制也非常苛刻。 所有这些问题都使得该类移动机器人的设计更加困难。 从解决思路上看，该类机器人的设计主要有两种形式。 一是遵循仿生的机理，模仿人和动物的运动系统及工作机制来开展设计；另一种是从攀爬环境和攀爬作业的需求出发进行针对性的设计。 本书遵循后一种设计思路，以架空输电线路巡检机器人和壁面攀爬移动机器人为典型应用目标，展开适用于该类移动环境和作业任务需求的攀爬机器人系统的介绍。 采取这种设计思路，主要是希望针对特殊使用环境的特点和需求，提出专门的机器人结构设计方案，以此来简化机器人系统的组成结构，使机器人的设计更具针对性和实用性。

架空输电线路巡检维护机器人是电力部门迫切需求的先进技术，机器人技术的使用将对提高线路巡检作业质量和水平具有重要的实际意义。本书所有设计都是针对实际工程系统的任务特点和技术需求来进行的。本书是笔者及其团队多年研究成果的总结。书中的机器人设计是在笔者指导的多名博士、硕士研究生的研究成果基础上总结整理而成，包括本书的两名合作者魏永乐博士和陶广宏博士，以及唐棣、祝帅、徐鑫霖、梁笑、贺长林、侯亚辉、秦辉、杨国峰、田晨威、胡家铭、刘成龙、郭小昆、徐兵、许婷婷、王心蕊等从事攀爬移动机器人方向研究的硕士以及其他未能一一列出的学生，他们在研究生阶段的探索研究为攀爬机器人研究工作的深入开展做出了贡献。笔者针对电力输电线路巡检机器人的研究始于2002年在中国科学院沈阳自动化研究所工作期间。在此期间，笔者与王洪光研究员以及凌烈、景凤仁、孙鹏、姜勇、刘爱华等团队成员一起开始了电力输电线路巡检机器人的研究与设计开发工作，相关工作得到了多项国家计划的支持，这一阶段的研究工作为本书的相关研究奠定了良好的基础。

希望本书的出版能够对机器人领域相关研究和设计人员提供有益的参考。

机器人技术发展迅速，新技术不断涌现，本书中难免存在不足之处，敬请广大读者批评指正。

房立金

于东北大学

2019 年 6 月

目录

第1章

绪论

众所周知，"机器人"一词最早出现于文学作品中。如今，各种类型的机器人在人们日常生产生活中发挥着重要的作用。与此同时，机器人技术也在快速发展。机器人的种类和形式将日益丰富，机器人的应用领域也将日益扩大。

机器人的出现反映了人们对机器人这一新型自动化机器的向往。长期以来，人们希望创造出一种能够为人类所用、服务于人类的像人一样的机器，希望机器人能够弥补人类自身的不足，满足人们方方面面的需求。显然，这一目标的实现不会是一蹴而就的。从机器人的发展历程来看也是如此。20世纪中叶出现的已经实用化的工业机器人，从外形上看仅仅对应着人形机器人的一只手臂，即工业机器人仅仅相当于人体四肢中的一只手臂。为什么在机器人的实际发展过程中首先完成实用化的是工业机器人，而不是人形机器人呢？

下面让我们简要回顾机器人的发展历程。

20世纪中叶工业机器人出现之前，机器人基本上只存在于概念和幻想中，当时的技术发展水平还不足以支撑机器人技术的进步，不能满足机器人的发展需求。尽管人们往往将钟表、水车、风车等带有自动化特征的装置与机器人联系起来，但这种联系是十分牵强的，难以得到广泛认同。

从20世纪中叶至21世纪初是机器人发展的重要阶段。以工业机器人为代表的机器人技术率先在工业场合得到实际应用。事实上，工业机器人已成为现代机器人技术发展的起点和标志。

21世纪之后，机器人技术进入了前所未有的快速发展的新阶段。工业机器人的应用逐步深入，其他类型的机器人也相继走向实用化，逐步形成了今天的大发展、大应用局面。除工业之外，机器人在医疗、家庭服务、军事、教育、休闲娱乐等领域都得到了成功有效的应用，人们对机器人的需求也日益增加。

工业机器人是一种串联关节型机器人，典型的工业机器人具有6个自由度，可以满足空间物体的位置和姿态运动的灵活性要求。当机器人在平面内运动时，具有3个自由度即可。针对不同的应用需求，可以将机器人设计成3自由度、4自由度、6自由度及其他多种自由度的组合形式。

通过观察6自由度串联关节型工业机器人的结构，可知机器人具有6个关节和6个连杆，连杆与关节依次串联，即机器人的基本组成部件是关节和连杆，这是机器人结构的典型形式。各种类型的机器人都是以关节和连杆为基础组合而成的。除上面提到的串联关节型工业机器人之外，还可组合出其他形式的机器人结构。通过串联及并联的组合即可构建出并联结构的机器人，也可构建出混联（串联＋并联）结构的机器人。从内在结构来看，典型的 Steward 并联机器人就是由 6 个分支并联而成，而每个分支又是由串联结构构成的。

通过关节和连杆的不同组合可构造出不同类型的机器人结构，如同自然界中的生物种类繁多，机器人家族也规模庞大。机器人不同的结构形式对应不同的应用需求，与不同的作业任务和功能特点相适应。

然而，机器人又不同于自然界的生物。仿生的角度可以给机器人的结构设计提供灵感，但机器人结构的仿生设计并不是设计工作的最终目标。设计机器人的目的是为人类所用，而不仅仅是满足仿生设计本身。比如，自然界并没有轮式移动的生物，但汽车等轮式设备却在人们的生产生活中发挥着无可替代的作用。机器人设计也是如此，根本的目标是所设计的机器人能够满足具体的作业任务需求。

1.1 攀爬机器人概述

自然界中的生物多种多样，具有攀爬能力的动物也有很多种。昆虫、猿猴及其他的脊椎动物都具有攀爬能力，人类的攀爬运动能力也比较强。人们总是在盼望着能够研制出像自然界动物一样可以攀爬行走、上下穿梭的机器人。像研制其他类型的机器人一样，人们也一直试图研制出具有各种攀爬能力的机器人。但是，从机器人或攀爬机器人的研究历程可以看出，研制过程是十分漫长的，距离人们希望达到的目标还有较大距离。

经过长期进化，动物家族中的不同成员逐步具备各自不同的攀爬技能。猿猴在丛林间自由穿梭跳跃，山羊在岩石峭壁中轻松行走，大熊猫在树枝上憨态可掬地玩耍，还有树上的蛇及小小的毛毛虫等。综合来看，动物个体对攀爬的目标和要求不同，其攀爬行为和具体攀爬方式也存在较大的差别。这种现象的成因和影响是多方面的，其中最根本的原因是遵循"适者生存"的原则。

设计攀爬机器人的原理也是如此，即不同的设计目的和目标，以及不同的功能和技术指标需求都将产生不同的设计结果。从应用角度来看，人们研制具有攀爬功能的机器人的目的是使其在一定的作业环境和作业条件下代替人来完成作业任务，这类环境往往是恶劣的或不适合人类工作的,如架空的电力输电线路、高层建筑。我国拥有超过2万千米的超高压输电线路,特高压线路也在大规模建设中,超高压、特高压输电线路的里程逐年增加。线路的日常巡检和维护是一项十分重要又繁重的工作。目前的常规线路巡检工作还主要由人工来完成,研制能够代替人工作业的巡检机器人一直是电力部门的迫切需求。近年来,高层建筑的不断增加也对建筑外墙的清洗作业等任务提出了迫切要求,由"蜘蛛人"完成清洗作业具有很大的危险性。

1.2 自然界生物的攀爬行为及其机制

通过观察自然界生物的攀爬行为可以发现,无论是有骨骼的脊椎动物还是没有骨骼的昆虫,攀爬时都离不开腿、足等肢体结构,这些结构构成了运动的基本单元。以人体为例,从运动的角度可以将其分为躯干、四肢和头部三个主要部分。四肢中的臂和腿又由很多关节组成,臂上关节包括肩、肘、腕三个主要关节;腿上关节包括髋、膝、踝三个主要关节。人体的头部由颈来支撑,颈上的多关节脊椎提供了头部运动所需的自由度。让我们再来看看人体的手和足的结构。手掌和脚掌分别有多个手指和脚趾,每根手指和脚趾同样由多个关节组成,构成多种运动所需的自由度。

从人体的运动系统可以看出,人体四肢中的臂和手的运动自由度数量非常多,手臂的自由度数量完全可以满足完成运动以及使用工具进行各种作业的需求。由于腿和足主要满足行走的需求,因此虽然其自由度的数量基本一致,但是其结构形式有很大的不同。这也正是"适者生存""优胜劣汰"等进化规律在人体进化过程中的直观表现。

马、牛、羊等动物没有进化成直立行走的状态,因此其四肢的表现形式也自然与人体四肢的表现形式不同,特别是其蹄的结构完全不同于人体的手足结构。

鸡、鸭等家禽的爪的结构具有一定的特殊性。禽鸟类动物的爪的结构与人体的手的结构有一些相似之处,如都拥有多个指且每根指由多个关节构成,这种结构有利于栖息时抓取树枝。

通过以上分析可以看出,在实际的机器人设计过程中,追求大而全或者万能通用型的设计在很多时候是不现实的。需根据具体作业需求和作业环境来设计,这样才能设计出符合要求的机器人。

1.3 攀爬机器人的典型移动环境

1.3.1 电力输电线路

根据 GB/T 156—2017《标准电压》，我国交流输电线路电压等级主要有 35kV、66kV、110kV、220kV、330kV、500kV、750kV、1000kV[1]。架空高压输电线路输送电压等级不同，其线路的导线直径、电力金具等也不同，但输电线路的组成基本相同，如图 1.1 所示。

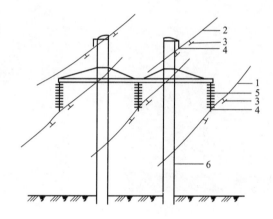

图 1.1　输电线路的组成
1—导线；2—地线；3—防振锤；4—线夹；5—绝缘子串；6—杆塔

杆塔将输电线路架设在高空，杆塔最上方是地线，起防雷保护作用，也称避雷线；地线下方是导线。导线和地线均通过绝缘子串、线夹等电力设施与杆塔连接，并在线路上分布有防振锤、接续管等设备，构成了巡检机器人复杂的作业环境。巡检机器人进行巡检作业时需要在导线或地线上行走，并跨越防振锤、接续管、绝缘子串、线夹及杆塔等障碍物。

（1）导线和地线

输电线路的导线有单根、两分裂、四分裂、六分裂等形式。地线可选镀锌钢绞线或复合型绞线，新架设的智能电网一般架设一根可用于通信的光 纤 复 合 架 空 地 线（Optical Fiber Composite Overhead Ground Wire，

OPGW）光缆作为地线，另一根仍架设镀锌钢绞线[2]。钢绞线地线多采用分段绝缘、一点接地的方式；而 OPGW 采用逐塔接地的方式[3]。

（2）杆塔

杆塔分为电杆和铁塔两大类。电杆一般用于电压等级较低的输电线路，而电压等级较高的输电线路普遍采用铁塔[1]。按照在线路中的功能和用途分类，铁塔可以分为直线铁塔和耐张铁塔[4]；按照铁塔的外形分类，铁塔可以分为上字形、V 形、干字形、门形、三角形、酒杯形、猫头形、鼓形等[5]，其中最常用的为酒杯铁塔（图 1.2）、猫头铁塔（图 1.3）、干字铁塔（图 1.4）等。

图 1.2　酒杯铁塔

图 1.3　猫头铁塔

图 1.4　干字铁塔

直线铁塔位于线路的直线段，通过竖直排列的悬垂金具与线路连接，其作用主要是挑起导线和地线，只承受导线和地线的自重以及水平风压载荷；耐张铁塔位于线路的直线、转角及终端等处，通过水平排列的耐张绝缘子串与线路连接，可承受较大的张力，主要用来承受线路正常运行和断线事故情况下顺线路方向的架空线张力，防止发生大面积倒塔，避免事故范围的扩大[6]，因此需要将输电线路划分为若干耐张段。输电线路的一个耐张段举例如图1.5所示。

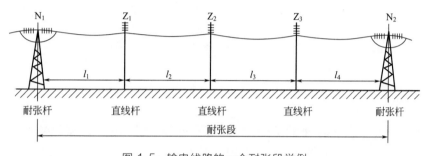

图 1.5　输电线路的一个耐张段举例

（3）线路金具[7]

架空超高压输电线路一般使用接续管连接，采用单悬垂线夹、双悬垂线夹和悬垂绝缘子串将线路架设于直线铁塔上；采用耐张线夹和耐张绝缘子串将线路固定于耐张铁塔上。导线上安装的间隔棒可间隔导线、防止振动，地线上安装的防振锤可减轻或消除地线振动。

1）导线线路金具

① 接续管。导线用接续管按照施工方式的不同，分为钳压接续管、液压接续管和爆压接续管。大截面钢芯铝绞线爆压接续管（JBD 型）的结构如图1.6所示。

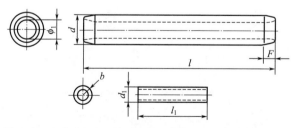

图 1.6　大截面钢芯铝绞线爆压接续管（JBD 型）的结构

② 间隔棒。分裂式导线一般需要采用间隔棒支撑导线，常见的四分裂阻尼间隔棒有圆环形（FJZ 型）、十字形（FJZ-L 型）、方框形（JZF型）等。方框形间隔棒的结构如图 1.7 所示。

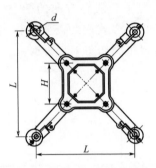

图 1.7　方框形间隔棒的结构

③ 悬垂绝缘子串。按垂直载荷的不同，输电线路的悬垂绝缘子串可分为单串（图 1.8）和双串（图 1.9）形式。

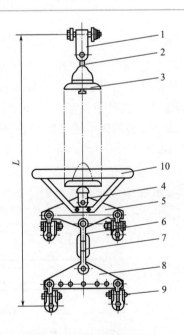

图 1.8　单串悬垂绝缘子串

1—U 形挂板；2—球形挂环；3—绝缘子；4—碗头挂板；5,8—联板；
6—U 形挂环；7—延长环；9—悬垂线夹；10—均压环

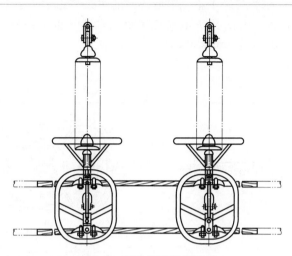

图 1.9 双串悬垂绝缘子串

图 1.10(a) 所示为带 U 形挂板悬垂线夹 (CGU-B 型) 的结构, 图 1.10(b) 所示为防晕悬垂线夹 (CGF 型) 的结构。

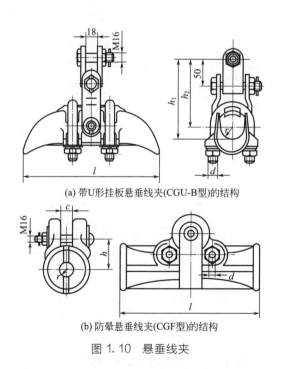

(a) 带U形挂板悬垂线夹(CGU-B型)的结构

(b) 防晕悬垂线夹(CGF型)的结构

图 1.10 悬垂线夹

④ 耐张绝缘子串。输电线路的耐张绝缘子串承受比悬垂绝缘子串更大的张力，因此其所用绝缘子更大、数量更多、绝缘子串的长度更长。双串耐张绝缘子串的结构如图 1.11 所示。

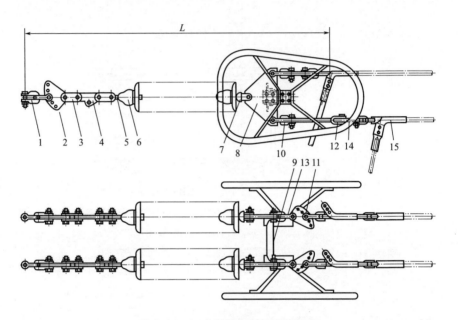

图 1.11　双串耐张绝缘子串的结构

1—U 形挂板；2,11—调整板；3—平行挂板；4—牵引板；5—球头挂环；6—绝缘子；7—碗头挂板；
8—联板；9—支撑板；10—U 形挂环；12—直角挂板；13—挂板；14—均压环；15—耐张线

⑤ 耐张线夹。标准钢芯铝绞线压缩型耐张线夹（NY 型）的结构如图 1.12 所示。

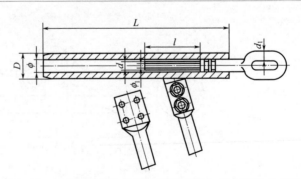

图 1.12　标准钢芯铝绞线压缩型耐张线夹（NY 型）的结构

2）地线线路金具

① 接续管。地线用接续管与导线用接续管的分类相似，也分为钳压接续管、液压接续管和爆压接续管。钢绞线爆压接续管（JBD 型）的结构如图 1.13 所示。

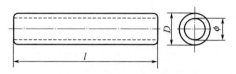

图 1.13　钢绞线爆压接续管（JBD 型）的结构

② 防振锤。斯托克型防振锤（FD 型）的结构如图 1.14 所示。

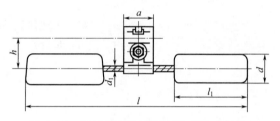

图 1.14　斯托克型防振锤（FD 型）的结构

③ 悬垂绝缘子串。地线悬垂绝缘子串的典型结构如图 1.15 所示，其下端的悬垂线夹均为 U 形螺丝式悬垂线夹（CGU 型），其结构如图 1.16 所示。

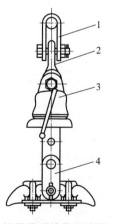

图 1.15　地线悬垂绝缘子串的典型结构

1—U 形挂板；2—直角环；3—避雷线用悬式绝缘子；4—悬垂线夹

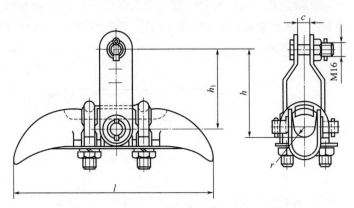

图 1.16　U 形螺丝式悬垂线夹（CGU 型）的结构

　　④ 耐张绝缘子串。耐张绝缘子串的结构如图 1.17 所示。地线耐张绝缘子串末端的耐张线夹为楔形耐张线夹（NE 型），其结构如图 1.18 所示。

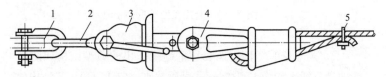

图 1.17　耐张绝缘子串的结构

1—U 形挂板；2—直角环；3—避雷线用悬式绝缘子；4—楔形线夹；5—钢线卡子

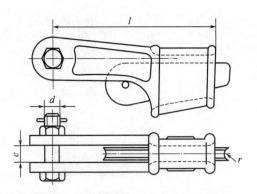

图 1.18　楔形耐张线夹（NE 型）的结构

输电线路上的防振锤、接续管等障碍物尺寸较小，且上方没有障碍，因此机器人能够从障碍物上方直接通过；输电线路上的悬垂绝缘子串利用悬垂线夹从上方悬挂线路，分裂线路的间隔棒支承分裂导线，因此机器人只能从悬垂线夹或间隔棒侧面或下方绕过；输电线路上的耐张绝缘子串用于水平拉紧线路，其末端的耐张线夹夹持线路并连接导线与引流线，机器人只能从其下方或侧面绕过。根据上述各类障碍物的特点，障碍物基本可划分为可通过型障碍和受限通过型障碍两大类。防振锤、接续管等属于可通过型障碍；悬垂线夹、间隔棒、耐张线夹等带有悬挂点或支承点的障碍则属于受限通过型障碍[8]。

如果巡检机器人仅实现单档内巡检，则在巡检过程中只需具备跨越防振锤、接续管、间隔棒等障碍物的能力即可；如果巡检机器人要实现耐张段内巡检，则在巡检过程中除具备跨越防振锤、接续管、间隔棒等障碍物的能力外，还要能够跨越单悬垂绝缘子串和双悬垂绝缘子串；如果巡检机器人要实现远距离全线巡检，在巡检过程中除了要能够跨越防振锤、接续管、间隔棒、单悬垂绝缘子串、双悬垂绝缘子串等障碍物外，还必须具备跨越耐张铁塔的能力。

1.3.2　建筑物

与电力输电线路相比，建筑物的攀爬环境更简单，设计人员也更熟悉建筑物环境。机器人在建筑物外表面移动时，主要的环境为建筑物外墙表面，具体包括墙面、阳台、装饰物及门窗的外表面等。

建筑物墙面主要为垂直立面，个别情况下也包括内凹的建筑外表面。墙面上存在各种凸起、沟槽、台阶及其他类型的障碍物，机器人在攀爬过程中基本上没有可利用的抓持物。

直观的、可对比的建筑物外墙攀爬过程是吊篮及"蜘蛛人"的作业过程。吊篮或"蜘蛛人"通过专门的可伸缩的绳索吊挂起来，实现上下移动。工作时没有吊挂绳索的"蜘蛛人"是十分危险的，随时有脱落的危险。

虽然建筑物外墙表面比较规整，但一般情况下并不是光滑的平面，而是由各种复杂的空间曲面而构成。机器人仅具有平面自由度或仅能满足平面运动的要求很显然是不够的。

参考文献

［1］　GB/T 156—2017. 标准电压.

［2］　DL/T 5092—1999. 110～500kV 架空送电线路设计技术规程.

［3］　马烨，黄建峰，郭洁，等. 500kV 架空地线不同接地方式下地线感应电量影响因素研究 [J]. 电瓷避雷器，2015，8（4）：137-142.

［4］　崔军朝，陈家斌. 电力架空线路设计与施工 [M]. 北京：中国水利水电出版社，2011.

［5］　陈祥和，刘在国，肖琦. 输电杆塔及基础设计 [M]. 北京：中国电力出版社，2008.

［6］　刘树堂. 输电杆塔结构及其基础设计 [M]. 北京：中国水利水电出版社，2005.

［7］　董吉谔. 电力金具手册 [M]. 北京：中国电力出版社，2001.

［8］　房立金，魏永乐，陶广宏. 一种新型带柔索双臂式巡检机器人设计 [J]. 机器人，2013，35（3）：319-325.

第2章

双臂式攀爬
机器人

2.1 攀爬越障机构及其工作原理

2.1.1 研究现状

(1) 国外研究现状

国外巡检机器人的研究开始于 20 世纪 80 年代末, 日本、美国、加拿大等国率先开展了巡检机器人的研究, 先后推出多款巡检机器人[1]。

2000 年, 加拿大的魁北克水电研究所研制出用于清除电力传输线积冰的遥控小车, 后逐渐发展为用于线路巡检、维护等工作的多用途平台。2008 年, 在巡检小车的基础上研制出名为 LineScout 的巡检机器人[2-5], 如图 2.1 所示。该款机器人采用轮式的行进方式, 具有视觉检测功能, 行进平稳。该款机器人具有较可靠的夹紧机构、精确的控制方法。其机械结构较复杂, 主要由三个部分组成: 具有两个行进轮的驱动部分、具有两个手臂和两个线夹的夹紧部分、一个关节部分, 关节可使驱动和夹紧部分能够相对滑动和转动。该款机器人可在障碍物下方跨越。

2008 年, 日本研制出名为 Expliner 的巡检机器人[6,7], 如图 2.2 所示。该款机器人利用八个行走轮在双股输电线路上行进, 利用下方的三根杆式操作器的伸缩和旋转调节重心, 以便跨越输电线路上的障碍物, 并能实现在线路上无弧度转弯及以 40m/min 的速度在输电线路上爬行。但是该款机器人必须在平行度很高的双线上爬行, 在下坡时对障碍物的适应能力很差。

图 2.1 LineScout 巡检机器人

图 2.2 Expliner 巡检机器人

2012 年, 南非夸祖鲁纳塔尔大学设计出一款新型的双臂巡检机器人[8,9],

如图 2.3 所示，其设计巧妙、结构简单、动作灵活，但负载能力较差。

图 2.3　双臂巡检机器人

　　国外有关巡检机器人的研究中，较成熟的是 LineScout 巡检机器人和 Expliner 巡检机器人。LineScout 巡检机器人的越障能力较强，但机械结构较复杂；Expliner 巡检机器人的结构简单、灵巧，但只能在双线上行走，应用环境受限。两款巡检机器人的转向性能都较差，跨越转角较大的耐张杆塔困难。

（2）国内研究现状

　　我国巡检机器人的研究起步较晚，20 世纪 90 年代后期才渐渐开始研究。

　　1998 年，武汉大学研制出我国第一代遥控操作巡检小车；2000 年，在其基础上研制出由两个伞形轮交替跨越障碍、两套带夹爪和行程放大臂交替爬行的驱动机构[10,11]。近几年，武汉大学的巡检机器人研究发展较快，已经研制出多种型号的巡检机器人，有望实现批量生产[12,13]。武汉大学研制的巡检机器人如图 2.4 所示。

图 2.4　武汉大学研制的巡检机器人

　　中国科学院沈阳自动化研究所在国家高技术研究发展计划（863 计划）的支持下，开展了 500kV 输电线路巡检机器人的研究工作[14-16]，成功开发出双臂回转巡检机器人（图 2.5），并于 2006 年 4 月进行了现场带电巡检实验测试[17]。该款机器人由箱体的水平移动来保持整体的平衡，但还不具备成熟的越障功能。

图 2.5　双臂回转巡检机器人

　　2008 年，上海大学设计出双臂同侧悬挂的巡检机器人（图 2.6），采用 L 形控制箱体，在越障时可将机器人悬挂在线路外侧，增大了作业空间[18-20]。另外，控制箱体里有控制模块、电池及检测仪器，并且箱体可以通过沿滑条移动来调节质心。

图 2.6　双臂同侧悬挂的巡检机器人

　　2009 年，昆山工业技术研究院设计出一款结构新颖的双臂巡检机器人（图 2.7），该机器人采用轮式行走方式，可以通过调节两臂长度和夹角跨越障碍物[21-23]，结构简单、动作灵巧。

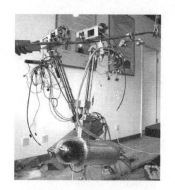

图 2.7　双臂巡检机器人

国内巡检机器人的研究中，武汉大学和中国科学院沈阳自动化研究所研制的巡检机器人较成功，均已经进行了现场试验；其他巡检机器人基本处于研制开发阶段。

2.1.2　机构原理

双臂巡检机器人正常行走巡检时，以双臂悬挂于线路之上，跨越障碍物时以单臂悬挂支撑，两只手臂交替跨越障碍物。此类机器人的特点是结构简单、重量轻，但跨越障碍物时需要将质心调整至悬挂手臂下方，且越障过程中由于质心位置的变化导致机器人稳定性较差。为了保持双臂巡检机器人越障时单臂挂线的平衡稳定，目前设计的双臂巡检机器人大多带有质心调节机构。典型双臂巡检机器人的结构简图如图 2.8 所示。

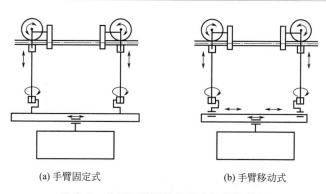

(a) 手臂固定式　　　　　　　　　(b) 手臂移动式

图 2.8　典型双臂巡检机器人的结构简图

按照机器人的质心调节方式，可将带质心调节机构的双臂巡检机器人分为手臂固定式双臂巡检机器人［图 2.8(a)］和手臂移动式双臂巡检机器人［图 2.8(b)］。

中国科学院沈阳自动化研究所研制的双臂巡检机器人[24,25]属于手臂固定式双臂巡检机器人，两只手臂间隔一定距离固定于导轨上，每只手臂具有伸缩自由度和旋转自由度，箱体具有沿导轨移动自由度，用于调节机器人重心位置。

武汉大学研制的双臂巡检机器人[26,27]和上海大学研制的双臂巡检机器人均属于手臂移动式双臂巡检机器人，两只手臂可以伸缩、旋转，也可以沿导轨移动，箱体可以沿导轨移动以调节机器人重心位置。其中武汉大学研制的双臂巡检机器人的两只手臂上半部分还具有小幅手臂俯仰自由度，越障时可使手臂避开障碍物，对越障距离没有明显影响。

双臂巡检机器人结构简单、质心调节方便，单臂悬挂越障时，为保持平衡稳定，箱体应保持水平状态，由于手臂与导轨和箱体始终保持垂直，因此越障时不能充分利用手臂的长度来增大越障距离。

为了在机器人越障时能够充分利用手臂长度以提高机器人越障能力，根据巡检机器人本体结构设计的功能要求，笔者研制的双臂巡检机器人既可以在输电线路的导线上行走，也可以在地线上行走（需更换行走轮）；采用带柔索的关节型仿人双臂结构，既可以方便调节手臂长度，又可以使手臂大幅摆动，增强越障能力。机器人结构简图如图 2.9 所示。

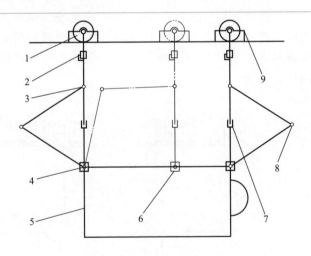

图 2.9　机器人结构简图

1—行走轮；2—水平旋转关节；3—腕关节；4—肩关节；5—箱体；
6—滚筒移动平台；7—柔索；8—肘关节；9—夹持机构

巡检机器人每只手臂设计了三个回转关节（肩关节4、肘关节8、腕关节3）和一个旋转关节（水平旋转关节2），为了减小手臂的结构尺寸和质量，在腕关节3与箱体5之间引入了一条柔索7，用于承担机器人的自重。机器人正常行走巡检时，手臂各关节处于松弛状态，由两只手臂的两条柔索承担机器人的质量。机器人越障过程中，由挂线手臂的柔索7承担机器人的质量；越障手臂的肩关节4、肘关节8和腕关节3用于调节手臂的伸出姿态，确定行走轮的位置；挂线手臂的腕关节3和水平旋转关节2用于调节箱体5的姿态，并使越障手臂绕开障碍物行进。无论机器人正常行走巡检还是跨越障碍物，两只手臂的柔索主要承担机器人的质量，其长度可以通过滚筒调节，滚筒安装于滚筒移动平台6上，滚筒移动平台6可以沿箱体5前后移动。机器人通过两只手臂上各个关节及柔索的协调运动跨越输电线路上的各类障碍物，为了增大机器人越障距离，还可以利用箱体内的供电电源作配重，使其可以沿箱体长度方向移动，增大手臂伸出距离。

机器人正常行走巡检时，夹持机构9处于放松状态，行走电机驱动行走轮1在输电线路上行进；机器人遇到障碍物时，夹持机构9将一只手臂的行走轮锁紧在输电线路上，以保持另一只手臂的稳定。夹持机构9安装于行走轮1的轴上并能绕其自由转动，使其能够很好地适应输电线路坡度的变化，夹紧方便可靠。

2.1.3　机器人运动学模型

将机器人前后两只手臂分别表示为 F 和 B，每只手臂均具有四个自由度，分别为肩关节回转 θ_1、肘关节回转 θ_2、腕关节回转 θ_3 及水平旋转关节旋转 θ_4。每只手臂上的柔索具有一个伸缩自由度 l_s，柔索滚筒移动平台具有一个沿箱体前后移动的自由度 d_s。机器人的运动参数和结构参数如图2.10所示，图中 l_0 表示机器人箱体长度，l_1、l_2、l_3 分别表示手臂各段长度，r 表示行走轮半径。

巡检机器人在输电线路上进行正常的巡检作业时，通过行走轮的滚动实现快速行进，各关节均处于放松状态。机器人遇到接续管、防振锤等可通过型障碍时，可采用直接式越障方式，减速通过障碍物而无需停车，虽然越过障碍物时机器人姿态会出现小幅变化，但不影响其巡检作业且越障后的姿态能够自动恢复。因此，机器人在越过可通过型障碍时不需要调整姿态。

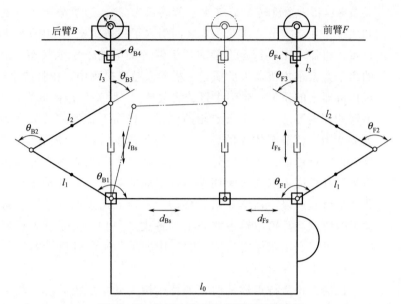

图 2.10　机器人的运动参数和结构参数

机器人遇到单悬垂金具、双悬垂金具等受限通过型障碍物时，需要采用蠕动式或旋转式越障方式，可以通过以下基本动作的组合来实现：①手臂肩关节绕轴线的转动；②手臂肘关节绕轴线的转动；③手臂腕关节绕轴线的转动；④手臂水平旋转关节绕轴线的转动；⑤手臂柔索的伸缩；⑥滚筒移动平台的移动。

（1）机器人的 D-H 参数

机器人遇到受限通过型障碍物时，一只手臂上的夹紧机构夹紧线路，使机器人悬挂于该手臂之下，该手臂称为悬挂臂；另一只手臂根据作业任务进行越障，称为操作臂。

根据图 2.9 所示的机器人结构简图可知，手臂有肩关节、肘关节、腕关节及水平旋转关节，且在腕关节与箱体之间引入了一条柔索。虽然从形式上看柔索与手臂的肩关节、肘关节是并联关系，但实际上并非并联关系，而是相互独立的分支串联关系[28,29]。

机器人在调节质心的过程中，其姿态是通过悬挂臂柔索的伸缩、滚筒移动平台的移动、操作臂滚筒移动平台的移动、柔索的伸缩等动作来进行调整的；机器人越障过程中，操作臂末端行走轮的位置是通过悬挂臂水平旋转关节的转动、柔索的伸缩、滚筒移动平台的移动、操作臂肩关节的转动、肘关节的转动、腕关节的转动、水平旋转关节的转动等动作来调整的。

通过以上分析可知，机器人越障过程中以悬挂臂的夹紧机构为基座，以操作臂的行走轮质心为末端，形成了两个分支的多连杆串联结构，即悬挂臂柔索-操作臂柔索串联结构和悬挂臂柔索-操作臂关节串联结构。此外，机器人在越障之前或越障之后，两臂行走轮之间的距离难免会出现一定的误差，因此在越障之前或越障之后，机器人要进行复位操作，其姿态是通过悬挂臂水平旋转关节的转动、腕关节的转动、肘关节的转动、肩关节的转动以及操作臂肩关节的转动、肘关节的转动、腕关节的转动、水平旋转关节的转动等动作来调整的，故形成了悬挂臂关节-操作臂关节串联结构。

① 悬挂臂关节-操作臂关节串联结构的 D-H 参数　采用 Denzvit-Hartenberg 法[30,31] 设置悬挂臂关节-操作臂关节串联结构中各个关节的坐标系，如图 2.11 所示，图中坐标系 $\{O\}$ 为机器人的基坐标系，基座为悬挂臂夹紧机构，末端为操作臂行走轮质心。

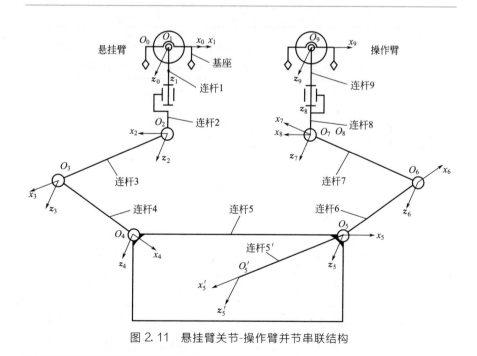

图 2.11　悬挂臂关节-操作臂并节串联结构

表 2.1 为悬挂臂关节-操作臂关节串联结构从悬挂臂基座（夹紧机构）经连杆 1～连杆 9 到操作臂末端（行走轮质心）的 D-H 参数；表 2.2

给出了悬挂臂关节-操作臂关节串联结构从悬挂臂基座（夹紧机构）经连杆 1～连杆 5、连杆 5′到箱体中心的 D-H 参数。表 2.1～表 2.6 中，a_i 表示连杆 i 的长度，α_i 表示连杆 i 的扭转角，d_i 表示相邻连杆的距离，θ_i 表示相邻连杆的夹角，q_i 表示关节 i 的变量。

表 2.1 悬挂臂关节-操作臂关节串联结构从悬挂臂基座经
连杆 1～连杆 9 到操作臂末端的 D-H 参数

连杆 i	a_i	α_i	d_i	θ_i	变量 q_i
1	0	90°	0	$\theta_1(0°)$	θ_1
2	0	90°	l_3	$\theta_2(180°)$	θ_2
3	l_2	0°	0	$\theta_3(30°)$	θ_3
4	l_1	0°	0	$\theta_4(120°)$	θ_4
5	l_0	0°	0	$\theta_5(30°)$	θ_5
6	l_1	0°	0	$\theta_6(30°)$	θ_6
7	l_2	0°	0	$\theta_7(120°)$	θ_7
8	0	90°	0	$\theta_8(30°)$	θ_8
9	0	90°	l_3	$\theta_9(180°)$	θ_9

表 2.2 悬挂臂关节-操作臂关节串联结构从悬挂臂基座经
连杆 1～连杆 5、连杆 5′到箱体中心的 D-H 参数

连杆 i	a_i	α_i	d_i	θ_i	变量 q_i
1	0	90°	0	$\theta_1(0°)$	θ_1
2	0	90°	l_3	$\theta_2(180°)$	θ_2
3	l_2	0°	0	$\theta_3(30°)$	θ_3
4	l_1	0°	0	$\theta_4(120°)$	θ_4
5	l_0	0°	0	$\theta_5(30°)$	θ_5
5′	$l_{xt}\left(\sqrt{l_0^2+h_0^2}/2\right)$	0°	0	$\theta_{5'}[180°+\arctan(h_0/l_0)]$	—

②悬挂臂柔索-操作臂关节串联结构的 D-H 参数 采用 Denzvit-Hartenberg 法设置悬挂臂柔索-操作臂关节串联结构中各个关节的坐标系，如图 2.12 所示，图中坐标系 $\{O\}$ 为机器人的基坐标系，基座为悬挂臂夹紧机构，末端为操作臂行走轮质心，悬挂臂柔索由于受到机器人重力作用处于直线状态，其伸缩运动可以看作直线运动，由于柔索长度较短、直径较大，因此柔索可以采用刚性连杆 3′ 和连杆 4′ 表示[32]。

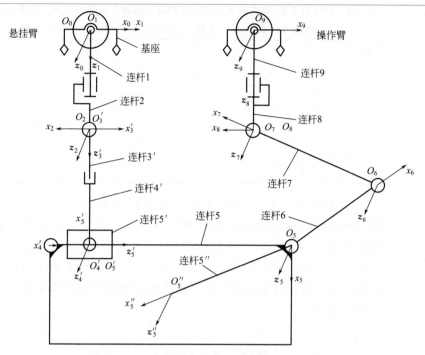

图 2.12　悬挂臂柔索-操作臂关节串联结构

　　表 2.3 为悬挂臂柔索-操作臂关节串联结构从悬挂臂基座（夹紧机构）经连杆 1、连杆 2、连杆 3′、连杆 4′、连杆 5′、连杆 5、连杆 6、连杆 7、连杆 8、连杆 9 到操作臂末端（行走轮质心）的 D-H 参数；表 2.4 给出了悬挂臂柔索-操作臂关节串联结构从悬挂臂基座（夹紧机构）经连杆 1、连杆 2、连杆 3′、连杆 4′、连杆 5′、连杆 5、连杆 5″到箱体中心的 D-H 参数，其中 q_i 表示关节 i 的变量。

表 2.3　悬挂臂柔索-操作臂关节串联结构从悬挂臂基座经连杆 1、连杆 2、连杆 3′、连杆 4′、连杆 5′、连杆 5、连杆 6、连杆 7、连杆 8、连杆 9 到操作臂末端的 D-H 参数

连杆 i	a_i	α_i	d_i	θ_i	变量 q_i
1	0	90°	0	$\theta_1(0°)$	θ_1
2	0	90°	l_3	$\theta_2(180°)$	θ_2
3′	0	90°	0	$\theta_3'(180°)$	θ_3'
4′	0	90°	$d_4'(300)$	180°	d_4'
5′	0	90°	0	$\theta_5'(-90°)$	θ_5'
5	0	90°	$d_5(600)$	180°	d_5
6	l_1	0°	0	$\theta_6(120°)$	θ_6
7	l_2	0°	0	$\theta_7(120°)$	θ_7
8	0	90°	0	$\theta_8(30°)$	θ_8
9	0	90°	l_3	$\theta_8(180°)$	θ_9

表 2.4　悬挂臂柔索-操作臂关节串联结构从悬挂臂基座经连杆 1、连杆 2、连杆 3′、
连杆 4′、连杆 5′、连杆 5、连杆 5″到箱体中心的 D-H 参数

连杆 i	a_i	α_i	d_i	θ_i	变量 q_i
1	0	90°	0	$\theta_1(0°)$	θ_1
2	0	90°	l_3	$\theta_2(180°)$	θ_2
3′	0	90°	0	$\theta'_3(180°)$	θ'_3
4′	0	90°	$d'_4(300)$	180°	d'_4
5′	0	90°	0	$\theta'_5(-90°)$	θ'_5
5	0	90°	$d_5(600)$	180°	d_5
5″	$l_{xt}(\sqrt{l_0^2+h_0^2}/2)$	0°	0	$\theta_{5″}[180°+\arctan(h_0/l_0)]$	—

③ 悬挂臂柔索-操作臂柔索串联结构的 D-H 参数　采用 Denzvit-
Hartenberg 法设置悬挂臂柔索-操作臂柔索串联结构中各个关节的坐标
系，如图 2.13 所示，图中坐标系 {O} 为机器人的基坐标系，基座为悬
挂臂夹紧机构，末端为操作臂行走轮质心，柔索的伸缩运动可以看作是
直线运动，悬挂臂柔索用连杆 3′和连杆 4′表示，操作臂柔索用连杆 8′和
连杆 9′表示。

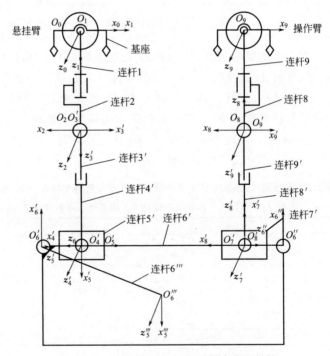

图 2.13　悬挂臂柔索-操作臂柔索串联结构

表 2.5 为悬挂臂柔索-操作臂柔索串联结构从悬挂臂基座（夹紧机构）经连杆 1～连杆 9 到操作臂末端（行走轮质心）的 D-H 参数；表 2.6 给出了悬挂臂柔索-操作臂柔索串联结构从悬挂臂基座（夹紧机构）经连杆 1～连杆 5、连杆 $5'$ 到箱体中心的 D-H 参数。

表 2.5　悬挂臂柔索-操作臂柔索串联结构从悬挂臂基座
经连杆 1～连杆 9 到操作臂末端的 D-H 参数

连杆 i	a_i	α_i	d_i	θ_i	变量 q_i
1	0	90°	0	$\theta_1(0°)$	θ_1
2	0	90°	l_3	$\theta_2(180°)$	θ_2
$3'$	0	90°	0	$\theta_3'(180°)$	θ_3'
$4'$	0	90°	$d_4'(300)$	180°	d_4'
$5'$	0	90°	0	$\theta_5'(90°)$	θ_5'
$6'$	0	180°	$d_6'(0)$	180°	d_6'
$6''$	0	180°	l_0	0°	—
$7'$	0	90°	$d_7'(0)$	0°	d_7'
$8'$	0	90°	0	$\theta_8'(90°)$	θ_8'
$9'$	0	90°	$d_9'(300)$	180°	d_9'
8	0	90°	0	$\theta_8(180°)$	θ_8
9	0	90°	l_3	$\theta_9(180°)$	θ_9

表 2.6　悬挂臂柔索-操作臂柔索串联结构从悬挂臂基座经
连杆 1～连杆 5、连杆 $5'$ 到箱体中心的 D-H 参数

连杆 i	a_i	α_i	d_i	θ_i	变量 q_i
1	0	90°	0	$\theta_1(0°)$	θ_1
2	0	90°	l_3	$\theta_2(180°)$	θ_2
$3'$	0	90°	$\theta_3'(180°)$	θ_3'
$4'$	0	90°	$d_4'(300)$	180°	d_4'
$5'$	0	90°	0	$\theta_5'(90°)$	θ_5'
$6'$	0	180°	$d_6'(0)$	180°	d_6'
$6'''$	$h_0/2$	90°	$l_0/2$	180°	—

（2）机器人运动学方程

建立了机器人全部连杆固连坐标系之后，可按照下列顺序由两个旋转和两个平移来建立相邻两连杆 $i-1$ 与 i 之间的相对关系[30,31]：①绕 z_{i-1} 轴转动 θ_i 角；②沿 z_{i-1} 轴平移 d_i 距离；③沿 x_i 轴平移 a_i 距离；④绕 x_i 轴旋转 α_i 角。

此关系可用一个表示连杆 i 对连杆 $i-1$ 相对位置的 4×4 齐次变换矩阵来描述：

$$
{}^{i-1}T_i = \left\{ \begin{array}{cccc} \cos\theta_i & -\sin\theta_i \cos\alpha_i & \sin\theta_i \sin\alpha_i & a_i \cos\theta_i \\ \sin\theta_i & \cos\theta_i \cos\alpha_i & -\cos\theta_i \sin\alpha_i & a_i \sin\theta_i \\ 0 & \sin\alpha_i & \cos\alpha_i & d_i \\ 0 & 0 & 0 & 1 \end{array} \right\} \tag{2.1}
$$

若关节 i 是平移关节，则式中 d_i 是关节变量，其他参数是不随连杆运动变化的结构参数；若关节 i 是回转关节，则式中 θ_i 是关节变量，其他参数是不随连杆运动变化的结构参数。

根据机器人连杆固连坐标系及 D-H 参数，可以得到机器人相邻连杆坐标变换矩阵，进而求出机器人运动学方程。

1）悬挂臂关节-操作臂关节串联结构的运动学方程

① 悬挂臂基座至操作臂行走轮的运动学方程。根据图 2.11 所示的机器人悬挂臂关节-操作臂关节串联结构坐标系，以及表 2.1 列出的从基座至末端的 D-H 参数，按照式(2.1) 可以计算得到机器人从基座到末端（行走轮质心）相邻连杆的坐标变换矩阵：${}^{0}T_1$、${}^{1}T_2$、${}^{2}T_3$、${}^{3}T_4$、${}^{4}T_5$、${}^{5}T_6$、${}^{6}T_7$、${}^{7}T_8$、${}^{8}T_9$。求出所有坐标变换矩阵以后，机器人操作臂末端的行走轮质心的位姿矩阵 ${}^{0}T_9$ 与机器人两臂各个关节变量 q_i $(i=1,2,3,\cdots,9)$ 之间便有了明确的函数关系。根据齐次变换矩阵运算原理，可得到悬挂臂关节-操作臂关节串联结构从基座到末端（行走轮质心）的运动学方程：

$$
{}^{0}T_9 = {}^{0}T_1 {}^{1}T_2 {}^{2}T_3 {}^{3}T_4 {}^{4}T_5 {}^{5}T_6 {}^{6}T_7 {}^{7}T_8 {}^{8}T_9 = \left\{ \begin{array}{cccc} n_x & o_x & a_x & p_x \\ n_y & o_y & a_y & p_y \\ n_z & o_z & a_z & p_z \\ 0 & 0 & 0 & 1 \end{array} \right\} \tag{2.2}
$$

式中：

$n_x = c\theta_9 (s\theta_1 s\theta_{345678} + c\theta_1 c\theta_2 c\theta_{345678}) + c\theta_1 s\theta_2 s\theta_9$

$n_y = c\theta_9 (s\theta_1 c\theta_2 c\theta_{345678} - c\theta_1 s\theta_{345678}) + s\theta_1 s\theta_2 s\theta_9$

$n_z = c\theta_9 (s\theta_2 c\theta_3 c\theta_{45678} - s\theta_2 s\theta_3 s\theta_{45678}) - c\theta_2 s\theta_9$

$o_x = c\theta_1 c\theta_2 s\theta_{345678} - s\theta_1 c\theta_{345678}$

$o_y = s\theta_1 c\theta_2 s\theta_{345678} + c\theta_1 c\theta_{345678}$

$o_z = s\theta_2 s\theta_3 c\theta_{45678} + s\theta_2 c\theta_3 s\theta_{45678}$

$a_x = s\theta_9 (s\theta_1 s\theta_{345678} + c\theta_1 c\theta_2 c\theta_{345678}) - c\theta_1 s\theta_2 c\theta_9$

$a_y = s\theta_9 (s\theta_1 c\theta_2 c\theta_{345678} - c\theta_1 s\theta_{345678}) - s\theta_1 s\theta_2 c\theta_9$

$a_z = s\theta_9 (s\theta_2 c\theta_3 c\theta_{45678} - s\theta_2 s\theta_3 s\theta_{45678}) + c\theta_2 c\theta_9$

$p_x = l_3 (s\theta_1 - s\theta_1 c\theta_{345678} + c\theta_1 c\theta_2 s\theta_{345678}) + l_2 (s\theta_1 s\theta_3 + c\theta_1 c\theta_2 c\theta_3 + s\theta_1 s\theta_{34567} + c\theta_1 c\theta_2 c\theta_{34567}) + l_1 (s\theta_1 s\theta_{34} + c\theta_1 c\theta_2 c\theta_{34} +$

$$s\theta_1 s\theta_{3456} + c\theta_1 c\theta_2 c\theta_{3456}) + l_0(s\theta_1 s\theta_{345} + c\theta_1 c\theta_2 c\theta_{345})$$

$$p_y = l_3(s\theta_1 c\theta_2 s\theta_{345678} + c\theta_1 c\theta_{345678} - c\theta_1) + l_2(s\theta_1 c\theta_2 c\theta_{34567} -$$
$$c\theta_1 s\theta_{34567} + s\theta_1 c\theta_2 c\theta_3 - c\theta_1 s\theta_3) + l_1(s\theta_1 c\theta_2 c\theta_{3456} -$$
$$c\theta_1 s\theta_{3456}) + l_0(s\theta_1 c\theta_2 c\theta_{345} - c\theta_1 s\theta_{345})$$

$$p_z = l_3(s\theta_2 s\theta_3 c\theta_{45678} + s\theta_2 c\theta_3 s\theta_{45678}) + l_2(s\theta_2 c\theta_3 c\theta_{4567} -$$
$$s\theta_2 s\theta_3 s\theta_{4567} + s\theta_2 c\theta_3) + l_1(s\theta_2 c\theta_3 c\theta_{456} - s\theta_2 s\theta_3 s\theta_{456} +$$
$$s\theta_2 c\theta_3 c\theta_4 - s\theta_2 s\theta_3 s\theta_4) + l_0(s\theta_2 c\theta_3 c\theta_{45} - s\theta_2 s\theta_3 s\theta_{45})$$

其中：$\left.\begin{array}{l} s\theta_i = \sin\theta_i \\ c\theta_i = \cos\theta_i \end{array}\right\}$，$i=1,2,\cdots,9$（以后各式含义同此）

$$\left.\begin{array}{l} s\theta_{i(i+1)(i+2)\cdots} = \sin(\theta_i + \theta_{i+1} + \theta_{i+2} + \cdots) \\ c\theta_{i(i+1)(i+2)\cdots} = \cos(\theta_i + \theta_{i+1} + \theta_{i+2} + \cdots) \end{array}\right\}$$，$i=3,4,\cdots,8$（以后各式

含义同此）

② 悬挂臂基座至箱体中心的运动学方程。根据图 2.11 所示的机器人悬挂臂关节-操作臂关节串联结构坐标系，以及表 2.2 列出的从基座到箱体中心的 D-H 参数，按照式(2.1) 可以计算得到机器人从基座到箱体中心相邻连杆的坐标变换矩阵：$^0\boldsymbol{T}_1$、$^1\boldsymbol{T}_2$、$^2\boldsymbol{T}_3$、$^3\boldsymbol{T}_4$、$^4\boldsymbol{T}_5$、$^5\boldsymbol{T}_{5'}$。求出所有坐标变换矩阵以后，机器人箱体中心的位姿矩阵 $^0\boldsymbol{T}_{5'}$ 与机器人悬挂臂各个关节变量 $q_i(i=1,2,\cdots,5,5')$ 之间便有了明确的函数关系。根据齐次变换矩阵运算原理，可得到机器人悬挂臂关节-操作臂关节串联结构从基座到箱体中心的运动学方程：

$$^0\boldsymbol{T}_{5'} = {}^0\boldsymbol{T}_1\,{}^1\boldsymbol{T}_2\,{}^2\boldsymbol{T}_3\,{}^3\boldsymbol{T}_4\,{}^4\boldsymbol{T}_5\,{}^5\boldsymbol{T}_{5'} = \begin{Bmatrix} n_x & o_x & a_x & p_x \\ n_y & o_y & a_y & p_y \\ n_z & o_z & a_z & p_z \\ 0 & 0 & 0 & 1 \end{Bmatrix} \tag{2.3}$$

式中：

$$n_x = s\theta_1 s\theta_{3455'} + c\theta_1 c\theta_2 c\theta_{3455'}$$

$$n_y = s\theta_1 c\theta_2 c\theta_{3455'} - c\theta_1 s\theta_{3455'}$$

$$n_z = s\theta_2 c\theta_{3455'}$$

$$o_x = s\theta_1 c\theta_{3455'} - c\theta_1 c\theta_2 s\theta_{3455'}$$

$$o_y = -s\theta_1 c\theta_2 s\theta_{3455'} - c\theta_1 c\theta_{3455'}$$

$$o_z = -s\theta_2 s\theta_{3455'}$$

$$a_x = c\theta_1 s\theta_2$$

$$a_y = s\theta_1 s\theta_2$$

$$a_z = -c\theta_2$$

$$p_x = l_3 s\theta_1 + l_2(s\theta_1 s\theta_3 + c\theta_1 c\theta_2 c\theta_3) + l_1(s\theta_1 s\theta_{34} + c\theta_1 c\theta_2 c\theta_{34}) +$$
$$l_0(s\theta_1 s\theta_{345} + c\theta_1 c\theta_2 c\theta_{345}) + l_{xt}(s\theta_1 s\theta_{3455'} + c\theta_1 c\theta_2 c\theta_{3455'})$$

$$p_y = -l_3 c\theta_1 - l_2(c\theta_1 s\theta_3 - s\theta_1 c\theta_2 c\theta_3) - l_1(c\theta_1 s\theta_{34} - s\theta_1 c\theta_2 c\theta_{34}) -$$
$$l_0(c\theta_1 s\theta_{345} - s\theta_1 c\theta_2 c\theta_{345}) - l_{xt}(c\theta_1 s\theta_{3455'} - s\theta_1 c\theta_2 c\theta_{3455'})$$

$$p_z = l_2 s\theta_2 c\theta_3 + l_1 s\theta_2 c\theta_{34} + l_0 s\theta_2 c\theta_{345} + l_{xt} s\theta_2 c\theta_{3455'}$$

2）悬挂臂柔索-操作臂关节串联结构的运动学方程

① 悬挂臂基座至操作臂行走轮的运动学方程。根据图 2.12 所示的机器人悬挂臂柔索-操作臂关节串联结构坐标系，以及表 2.3 列出的从基座至末端的 D-H 参数，按照式（2.1）可以计算得到机器人从基座至末端（行走轮质心）相邻连杆的坐标变换矩阵：${}^0\boldsymbol{T}_1$、${}^1\boldsymbol{T}_2$、${}^2\boldsymbol{T}_{3'}$、${}^{3'}\boldsymbol{T}_{4'}$、${}^{4'}\boldsymbol{T}_{5'}$、${}^{5'}\boldsymbol{T}_5$、${}^5\boldsymbol{T}_6$、${}^6\boldsymbol{T}_7$、${}^7\boldsymbol{T}_8$、${}^8\boldsymbol{T}_9$。求出所有坐标变换矩阵以后，机器人行走轮质心的位姿矩阵 ${}^0\boldsymbol{T}_9$ 与各个关节变量 q_i（$i=1,2,3',4',5',5,6,\cdots,9$）之间便有了明确的函数关系。根据齐次变换矩阵运算原理，可得到机器人悬挂臂柔索-操作臂关节串联结构从基座到末端（行走轮质心）的运动学方程：

$$
{}^0\boldsymbol{T}_9 = {}^0\boldsymbol{T}_1 {}^1\boldsymbol{T}_2 {}^2\boldsymbol{T}_{3'} {}^{3'}\boldsymbol{T}_{4'} {}^{4'}\boldsymbol{T}_{5'} {}^{5'}\boldsymbol{T}_5 {}^5\boldsymbol{T}_6 {}^6\boldsymbol{T}_7 {}^7\boldsymbol{T}_8 {}^8\boldsymbol{T}_9 = \begin{Bmatrix} n_x & o_x & a_x & p_x \\ n_y & o_y & a_y & p_y \\ n_z & o_z & a_z & p_z \\ 0 & 0 & 0 & 1 \end{Bmatrix}
$$

$$(2.4)$$

式中：

$$n_x = c\theta_9(s\theta_1 s\theta_{3'5'678} + c\theta_1 c\theta_2 c\theta_{3'5'678}) + c\theta_1 s\theta_2 s\theta_9$$

$$n_y = c\theta_9(s\theta_1 c\theta_2 c\theta_{3'5'678} - c\theta_1 s\theta_{3'5'678}) + s\theta_1 s\theta_2 s\theta_9$$

$$n_z = c\theta_9(s\theta_2 c\theta'_3 c\theta_{5'678} - s\theta_2 s\theta'_3 s\theta_{5'678}) - c\theta_2 s\theta_9$$

$$o_x = c\theta_1 c\theta_2 s\theta_{3'5'678} - s\theta_1 c\theta_{3'5'678}$$

$$o_y = s\theta_1 c\theta_2 s\theta_{3'5'678} + c\theta_1 c\theta_{3'5'678}$$

$$o_z = s\theta_2 s\theta'_3 c\theta_{5'678} + s\theta_2 c\theta'_3 s\theta_{5'678}$$

$$a_x = s\theta_9(s\theta_1 s\theta_{3'5'678} + c\theta_1 c\theta_2 c\theta_{3'5'678}) - c\theta_1 s\theta_2 c\theta_9$$

$$a_y = s\theta_9(s\theta_1 c\theta_2 c\theta_{3'5'678} - c\theta_1 s\theta_{3'5'678}) - s\theta_1 s\theta_2 c\theta_9$$

$$a_z = s\theta_9(s\theta_2 c\theta'_3 c\theta_{5'678} - s\theta_2 s\theta'_3 s\theta_{5'678}) + c\theta_2 c\theta_9$$

$$p_x = l_3(c\theta_1 c\theta_2 s\theta_{3'5'678} - s\theta_1 c\theta_{3'5'678} + s\theta_1) + l_2(c\theta_1 c\theta_2 c\theta_{3'5'67} + s\theta_1 s\theta_{3'5'67}) + l_1(c\theta_1 c\theta_2 c\theta_{3'5'6} + s\theta_1 s\theta_{3'5'6}) + d'_4(c\theta_1 c\theta_2 s\theta'_3 - s\theta_1 c\theta'_3) + d_5(s\theta_1 c\theta_{3'5'} - c\theta_1 c\theta_2 s\theta_{3'5'})$$

$$p_y = l_3(s\theta_1 c\theta_2 s\theta_{3'5'678} + c\theta_1 c\theta_{3'5'678} - c\theta_1) + l_2(s\theta_1 c\theta_2 c\theta_{3'5'67} - c\theta_1 s\theta_{3'5'67}) + l_1(s\theta_1 c\theta_2 c\theta_{3'5'6} - c\theta_1 s\theta_{3'5'6}) + d'_4(c\theta_1 c\theta'_3 + s\theta_1 c\theta_2 s\theta'_3) - d_5(c\theta_1 c\theta_{3'5'} + s\theta_1 c\theta_2 s\theta_{3'5'})$$

$$p_z = l_3(s\theta_2 s\theta'_3 c\theta_{5'678} + s\theta_2 c\theta'_3 s\theta_{5'678}) + l_2(s\theta_2 c\theta'_3 c\theta_{5'67} - s\theta_2 s\theta'_3 s\theta_{5'67}) + l_1(s\theta_2 c\theta'_3 c\theta_{5'6} - s\theta_2 s\theta'_3 s\theta_{5'6}) + d'_4 s\theta_2 s\theta'_3 - d_5(s\theta_2 c\theta'_3 c\theta_{5'} + s\theta_2 s\theta'_3 c\theta_{5'})$$

② 悬挂臂基座至箱体中心的运动学方程。根据图 2.12 所示的机器人悬挂臂柔索-操作臂关节串联结构坐标系，以及表 2.4 列出的从基座到箱体中心的 D-H 参数，按照式(2.1) 可以计算得到机器人从基座到箱体中心相邻连杆的坐标变换矩阵：$^0\boldsymbol{T}_1$、$^1\boldsymbol{T}_2$、$^2\boldsymbol{T}_{3'}$、$^{3'}\boldsymbol{T}_{4'}$、$^{4'}\boldsymbol{T}_{5'}$、$^{5'}\boldsymbol{T}_5$、$^5\boldsymbol{T}_{5''}$。求出所有坐标变换矩阵以后，机器人行走轮质心的位姿矩阵 $^0\boldsymbol{T}_{5''}$ 与各个关节变量 q_i（$i=1, 2, 3', 4', 5', 5, 5''$）之间便有了明确的函数关系。根据齐次变换矩阵运算原理，可得到机器人悬挂臂柔索-操作臂关节串联结构从基座到箱体中心的运动学方程：

$$^0\boldsymbol{T}_{5''} = {}^0\boldsymbol{T}_1 {}^1\boldsymbol{T}_2 {}^2\boldsymbol{T}_{3'} {}^{3'}\boldsymbol{T}_{4'} {}^{4'}\boldsymbol{T}_{5'} {}^{5'}\boldsymbol{T}_5 {}^5\boldsymbol{T}_{5''} = \begin{Bmatrix} n_x & o_x & a_x & p_x \\ n_y & o_y & a_y & p_y \\ n_z & o_z & a_z & p_z \\ 0 & 0 & 0 & 1 \end{Bmatrix} \quad (2.5)$$

式中：

$$n_x = s\theta_1 s\theta_{3'5'5''} + c\theta_1 c\theta_2 c\theta_{3'5'5''}$$

$$n_y = s\theta_1 c\theta_2 c\theta_{3'5'5''} - c\theta_1 s\theta_{3'5'5''}$$

$$n_z = s\theta_2 c\theta'_3 c\theta_{5'5''} - s\theta_2 s\theta'_3 s\theta_{5'5''}$$

$$o_x = s\theta_1 c\theta_{3'5'5''} - c\theta_1 c\theta_2 s\theta_{3'5'5''}$$

$$o_y = -s\theta_1 c\theta_2 s\theta_{3'5'5''} - c\theta_1 c\theta_{3'5'5''}$$

$$o_z = -s\theta_2 s\theta'_3 c\theta_{5'5''} - s\theta_2 c\theta'_3 s\theta_{5'5''}$$

$$a_x = c\theta_1 s\theta_2$$

$$a_y = s\theta_1 s\theta_2$$

$$a_z = -c\theta_2$$

$$p_x = l_3 s\theta_1 + d'_4(c\theta_1 c\theta_2 s\theta'_3 - s\theta_1 c\theta'_3) + d_5(s\theta_1 c\theta_{3'5'} - c\theta_1 c\theta_2 s\theta_{3'5'}) + l_{xt}(s\theta_1 s\theta_{3'5'5''} + c\theta_1 c\theta_2 c\theta_{3'5'5''})$$

$$p_y = -l_3 c\theta_1 + d'_4(c\theta_1 c\theta'_3 + s\theta_1 c\theta_2 s\theta'_3) - d_5(c\theta_1 c\theta_{3'5'} + s\theta_1 c\theta_2 s\theta_{3'5'}) - l_{xt}(c\theta_1 s\theta_{3'5'5''} - s\theta_1 c\theta_2 c\theta_{3'5'5''})$$

$$p_z = d'_4 s\theta_2 s\theta'_3 - d_5(s\theta_2 c\theta'_3 s\theta_{5'} + s\theta_2 s\theta'_3 c\theta_{5'}) - l_{xt}(s\theta_2 s\theta'_3 s\theta_{5'5''} - s\theta_2 c\theta'_3 c\theta_{5'5''})$$

3）悬挂臂柔索-操作臂柔索串联结构的运动学方程

① 悬挂臂基座至操作臂行走轮的运动学方程。根据图 2.13 所示的机器人悬挂臂柔索-操作臂柔索串联结构坐标系，以及表 2.5 列出的从基座至末端的 D-H 参数，按照式(2.1) 可以计算得到机器人从基座至末端（行走

轮质心）相邻连杆的坐标变换矩阵：${}^0T_1$、${}^1T_2$、${}^2T_{3'}$、${}^{3'}T_{4'}$、${}^{4'}T_{5'}$、${}^{5'}T_{6'}$、${}^{6'}T_{6''}$、${}^{6''}T_{7'}$、${}^{7'}T_{8'}$、${}^{8'}T_{9'}$、${}^{9'}T_8$、${}^8T_9$。求出所有坐标变换矩阵以后，机器人行走轮质心的位姿矩阵${}^0T_9$与各个关节变量 q_i（$i=1,2,3',4',5',6',6'',7',8',9',8\cdots,9$）之间便有了明确的函数关系。根据齐次变换矩阵运算原理，可得到机器人悬挂臂柔索-操作臂柔索串联结构从基座到末端（行走轮质心）的运动学方程：

$$
{}^0T_9={}^0T_1{}^1T_2{}^2T_{3'}{}^{3'}T_{4'}{}^{4'}T_{5'}{}^{5'}T_{6'}{}^{6'}T_{6''}{}^{6''}T_{7'}{}^{7'}T_{8'}{}^{8'}T_{9'}{}^{9'}T_8{}^8T_9=\begin{Bmatrix} n_x & o_x & a_x & p_x \\ n_y & o_y & a_y & p_y \\ n_z & o_z & a_z & p_z \\ 0 & 0 & 0 & 1 \end{Bmatrix}
$$

$$(2.6)$$

式中：

$n_x=c\theta_9[s\theta_{8'8}(c\theta_1c\theta_2s\theta_{3'5'}-s\theta_1c\theta_{3'5'})-c\theta_{8'8}(c\theta_1c\theta_2c\theta_{3'5'}+s\theta_1s\theta_{3'5'})]+c\theta_1s\theta_2s\theta_9$

$n_y=c\theta_9[c\theta_{8'8}(c\theta_1s\theta_{3'5'}-s\theta_1c\theta_2c\theta_{3'5'})+s\theta_{8'8}(c\theta_1c\theta_{3'5'}+s\theta_1c\theta_2s\theta_{3'5'})]+s\theta_1s\theta_2s\theta_9$

$n_z=c\theta_9[s\theta_{8'8}(s\theta_2c\theta_3's\theta_5'+s\theta_2s\theta_3'c\theta_5')+c\theta_{8'8}(s\theta_2s\theta_3's\theta_5'-s\theta_2c\theta_3'c\theta_5')]-c\theta_2s\theta_9$

$o_x=-c\theta_{8'8}(c\theta_1c\theta_2s\theta_{3'5'}-s\theta_1c\theta_{3'5'})-s\theta_{8'8}(c\theta_1c\theta_2c\theta_{3'5'}+s\theta_1s\theta_{3'5'})$

$o_y=s\theta_{8'8}(c\theta_1s\theta_{3'5'}-s\theta_1c\theta_2c\theta_{3'5'})-c\theta_{8'8}(c\theta_1c\theta_{3'5'}+s\theta_1c\theta_2s\theta_{3'5'})$

$o_z=s\theta_{8'8}(s\theta_2s\theta_3's\theta_5'-s\theta_2c\theta_3'c\theta_5')-c\theta_{8'8}(s\theta_2c\theta_3's\theta_5'+s\theta_2s\theta_3'c\theta_5')$

$a_x=s\theta_9[s\theta_{8'8}(c\theta_1c\theta_2s\theta_{3'5'}-s\theta_1c\theta_{3'5'})-c\theta_{8'8}(c\theta_1c\theta_2c\theta_{3'5'}+s\theta_1s\theta_{3'5'})]-c\theta_1s\theta_2c\theta_9$

$a_y=s\theta_9[c\theta_{8'8}(c\theta_1s\theta_{3'5'}-s\theta_1c\theta_2c\theta_{3'5'})+s\theta_{8'8}(c\theta_1c\theta_{3'5'}+s\theta_1c\theta_2s\theta_{3'5'})]-s\theta_1s\theta_2c\theta_9$

$a_z=s\theta_9[s\theta_{8'8}(s\theta_2c\theta_3's\theta_5'+s\theta_2s\theta_3'c\theta_5')+c\theta_{8'8}(s\theta_2s\theta_3's\theta_5'-s\theta_2c\theta_3'c\theta_5')]+c\theta_2c\theta_9$

$p_x=l_3[-c\theta_{8'8}(c\theta_1c\theta_2s\theta_{3'5'}-s\theta_1c\theta_{3'5'})-s\theta_{8'8}(c\theta_1c\theta_2c\theta_{3'5'}+s\theta_1s\theta_{3'5'})+s\theta_1]+$
$\qquad d_9'[c\theta_8'(c\theta_1c\theta_2s\theta_{3'5'}-s\theta_1c\theta_{3'5'})+s\theta_8'(c\theta_1c\theta_2c\theta_{3'5'}+s\theta_1s\theta_{3'5'})]+$
$\qquad (l_0-d_6'-d_7')(c\theta_1c\theta_2s\theta_{3'5'}-s\theta_1c\theta_{3'5'})-d_4'(s\theta_1c\theta_3'-c\theta_1c\theta_2s\theta_3')$

$p_y=l_3[s\theta_{8'8}(c\theta_1s\theta_{3'5'}-s\theta_1c\theta_2c\theta_{3'5'})-c\theta_{8'8}(c\theta_1c\theta_{3'5'}+s\theta_1c\theta_2s\theta_{3'5'})+c\theta_1]-$
$\qquad d_9'[s\theta_8'(c\theta_1s\theta_{3'5'}-s\theta_1c\theta_2c\theta_{3'5'})-c\theta_8'(c\theta_1c\theta_{3'5'}+s\theta_1c\theta_2s\theta_{3'5'})]+$
$\qquad (l_0-d_6'-d_7')(c\theta_1c\theta_{3'5'}+s\theta_1c\theta_2s\theta_{3'5'})+d_4'(c\theta_1c\theta_3'+s\theta_1c\theta_2s\theta_3')$

$p_z=-l_3[c\theta_{8'8}(s\theta_2c\theta_3's\theta_5'+s\theta_2s\theta_3'c\theta_5')-s\theta_{8'8}(s\theta_2s\theta_3's\theta_5'-s\theta_2c\theta_3'c\theta_5')]+$
$\qquad d_9'[c\theta_8'(s\theta_2c\theta_3's\theta_5'+s\theta_2s\theta_3'c\theta_5')-s\theta_8'(s\theta_2s\theta_3's\theta_5'-s\theta_2c\theta_3'c\theta_5')]+$
$\qquad (l_0-d_6'-d_7')(s\theta_2c\theta_3's\theta_5'+s\theta_1s\theta_3'c\theta_5')+d_4's\theta_2s\theta_3'$

② 悬挂臂基座至箱体中心的运动学方程。根据图 2.13 所示的机器人悬挂臂柔索-操作臂柔索串联结构坐标系，以及表 2.6 列出的从基座到箱体中心的 D-H 参数，按照式（2.1）可以计算得到机器人从基座到箱体中心相邻连杆的坐标变换矩阵：${}^0T_1$、${}^1T_2$、${}^2T_{3'}$、${}^{3'}T_{4'}$、${}^{4'}T_{5'}$、${}^{5'}T_{6'}$、${}^{6'}T_{6''}$。求出所有坐标变换矩阵以后，机器人行走轮质心的位姿矩阵${}^0T_{6''}$与各个关节变量 q_i

（$i=1$，2，$3'$，$\cdots$，$6'$，$6'''$）之间便有了明确的函数关系。根据齐次变换矩阵运算原理，可得到机器人悬挂臂柔索-操作臂柔索串联结构从基座到箱体中心的运动学方程：

$$^0\boldsymbol{T}_{6'''}=\,^0\boldsymbol{T}_1\,^1\boldsymbol{T}_2\,^2\boldsymbol{T}_{3'}\,^{3'}\boldsymbol{T}_{4'}\,^{4'}\boldsymbol{T}_{5'}\,^{5'}\boldsymbol{T}_{6'}\,^{6'}\boldsymbol{T}_{6'''}=\begin{Bmatrix}n_x & o_x & a_x & p_x \\ n_y & o_y & a_y & p_y \\ n_z & o_z & a_z & p_z \\ 0 & 0 & 0 & 1\end{Bmatrix} \quad (2.7)$$

式中：

$n_x=-s\theta_1s\theta_{3'5'}-c\theta_1c\theta_2c\theta_{3'5'}$

$n_y=c\theta_1s\theta_{3'5'}-s\theta_1c\theta_2c\theta_{3'5'}$

$n_z=-s\theta_2c\theta_{3'5'}$

$o_x=-s\theta_1c\theta_{3'5'}+c\theta_1c\theta_2s\theta_{3'5'}$

$o_y=c\theta_1c\theta_{3'5'}+s\theta_1c\theta_2s\theta_{3'5'}$

$o_z=s\theta_2s\theta_{3'5'}$

$a_x=c\theta_1s\theta_2$

$a_y=s\theta_1s\theta_2$

$a_z=-c\theta_2$

$p_x=0.5l_0(-s\theta_1c\theta_{3'5'}+c\theta_1c\theta_2s\theta_{3'5'})-d_4'(s\theta_1c\theta_3'-c\theta_1c\theta_2s\theta_3')-$
$\quad 0.5h_0(s\theta_1s\theta_{3'5'}+c\theta_1c\theta_2c\theta_{3'5'})+l_3s\theta_1+d_6'(s\theta_1c\theta_{3'5'}-c\theta_1c\theta_2s\theta_{3'5'})$

$p_y=0.5l_0(c\theta_1c\theta_{3'5'}+s\theta_1c\theta_2s\theta_{3'5'})-d_6'(c\theta_1c\theta_{3'5'}+s\theta_1c\theta_2s\theta_{3'5'})+$
$\quad d_4'(c\theta_1c\theta_3'+s\theta_1c\theta_2s\theta_3')+0.5h_0(c\theta_1s\theta_{3'5'}-s\theta_1c\theta_2c\theta_{3'5'})-l_3c\theta_1$

$p_z=-0.5h_0s\theta_2c\theta_{3'5'}-d_6's\theta_2s\theta_{3'5'}+0.5l_0s\theta_2s\theta_{3'5'}+d_4's\theta_2s\theta_3'$

2.2 机器人结构设计

巡检机器人的设计重点：一是可靠的质心调节机构，以保证机器人的承载能力及越障过程的稳定性；二是可调节的越障距离，以提高机器人越障的灵活性；三是多功能夹持机构，以实现机器人跨越铁塔的能力，并提高机器人的爬坡能力。

2.2.1 手臂结构

考虑 500kV 超高压输电线路导线和地线的障碍物类型及其尺寸，以及机器人行走空间大小，初步确定机器人的结构参数及运动参数。

（1）手臂长度及关节角度

考虑机器人在线路上行走时的高度空间大小，并参照其他巡检机器人的结构尺寸，手臂各段长度 $l_1 = 300mm$、$l_2 = 300mm$、$l_3 = 270mm$，其中，手臂末端的 l_3 段为 L 形，以方便机器人直接通过接续管、防振锤等障碍物。水平旋转关节上表面与行走轮中心距离为 160mm。

根据手臂运动的范围，确定各关节旋转角度取值如下：肩关节回转角度 $\theta_1 = 10° \sim 180°$，肘关节回转角度 $\theta_2 = 0° \sim 170°$，腕关节回转角度 $\theta_3 = -150° \sim 150°$，水平旋转关节旋转角度 $\theta_4 = -180° \sim 180°$。

（2）柔索长度及滚筒位移

柔索长度可以调节，配合手臂关节转动，完成机器人越障过程，其长度 $l_s = 0 \sim 700mm$。用于缠绕柔索的滚筒随滚筒移动平台沿箱体移动范围 $d = 0 \sim 550mm$。

（3）行走轮直径

根据 500kV 高压输电线路的导线与地线直径，以及相应接续管、防振锤结构尺寸，为了使机器人的行走轮能够直接通过接续管、防振锤，机器人行走轮半径 $r = 40mm$。

综合上述巡检机器人结构参数和运动参数的取值，机器人相关参数如表 2.7 所示。

表 2.7　机器人相关参数

机器人结构参数	长度值	机器人运动参数	运动范围
l_0	650mm	θ_{B1}、θ_{F1}	$10° \sim 180°$
b_0	300mm	θ_{B2}、θ_{F2}	$0° \sim 170°$
h_0	300mm	θ_{B3}、θ_{F3}	$-150° \sim 150°$
l_1	300mm	θ_{B4}、θ_{F4}	$-180° \sim 180°$
l_2	300mm	l_{Bs}、l_{Fs}	$0 \sim 700mm$
l_3	270mm	d_{Bs}、d_{Fs}	$0 \sim 550mm$
r	40mm		

2.2.2　轮爪复合机构

巡检机器人依靠行走轮与线路之间的摩擦力行走，当线路坡度较大时，机器人行走容易出现因摩擦力不足而打滑的现象，此时需要夹持机构有一定的夹紧力以增大行走轮与线路之间的摩擦力，保证机器人正常巡检。

由于线路呈悬垂链形，故机器人巡检过程中相对于高压线的姿态会不断发生变化，这不仅要求夹持机构能够提供可靠的夹紧力，而且要求夹持机构能够适应线路角度的变化，即保证夹持机构相对于输电线的姿态保持不变。

　　巡检机器人越障过程中，也需要夹持机构能够夹紧线路，保证越障过程中机器人的整体稳定性。此外，在机器人出现故障或遇到突发状况（如大风、雷雨等恶劣天气）时，能够夹紧线路，防止机器人从线路上掉落。

　　因此，巡检机器人的夹持机构是保证机器人完成巡检任务的关键部件，夹持机构的功能包括：①能够保持机器人越障时的稳定性；②能够为机器人爬坡提供足够的动力；③能够适应线路角度的变化，保证夹爪相对于输电线的姿态保持不变；④能够有效地夹紧线路，防止机器人从线路上掉落。

　　目前，国内外巡检机器人的夹持机构一般设计为行走轮、夹爪、手臂做成一体的复合轮爪结构，其设计重点和难点在于如何使夹持机构既能够适应线路角度的变化，又具有边夹持边行走的能力[33,34]。

　　根据夹持机构的设计要求，并借鉴现有巡检机器人的夹持机构的优点，将夹持机构设计为复合轮爪结构，夹持机构长度为140mm，宽度为100mm，复合轮爪夹持机构的结构简图如图2.14所示。传动部分采用了蜗轮蜗杆结构，结构体积小，且具有自锁功能；一对夹爪间采用齿轮传动，保证两个夹爪同步转动。

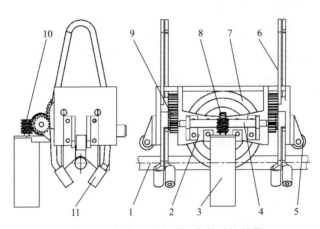

图2.14　复合轮爪夹持机构的结构简图
1—线路；2—支架；3—电动机；4—传动轴；5—支撑轮；6—夹爪；
7—行走轮；8—蜗轮；9—齿轮；10—蜗杆；11—夹紧轮

　　该复合轮爪夹持机构的行走轮采用包胶轮结构，以增大其与线路的摩擦系数，提高机器人的爬坡能力；夹持机构的支架浮动安装于行走轮的轮轴上，夹爪的驱动电动机位于行走轮轮轴以下，以保证复合轮爪不挂线时，在重力作用下使夹持机构处于水平状态；夹紧机构前后设计有两个安装于支架上的支撑轮，保证夹持机构能够随线路坡度的变化转动；夹爪上安装有夹紧轮，其主要作用是当夹爪产生一定夹紧力时夹紧轮相对线路滚动，增大行走轮与线路之间的摩擦力，提高机器人的爬坡能力，实现边夹紧边行走的功能；夹爪正转可以夹紧线路，反转可以夹紧绝缘子串、铁塔等障碍物。

机器人在无障碍路段行走时，夹爪处于打开或半抱紧状态，起到安全保护作用，防止大风引起线路晃动使机器人从线路上掉落；当输电线路角度发生变化时，支架上的支撑轮与线路接触，带动支架绕行走轮轴旋转，从而调节夹持机构被动地适应输电线路角度的变化。

机器人在障碍路段行走时，遇到接续管、防振锤、悬垂金具等障碍物时，越障手臂的夹爪张开进行越障，越障完成后行走轮重新挂于线路上，夹爪复位，夹紧线路；当遇到耐张绝缘子串、铁塔等不能使用行走轮挂线的障碍物时，夹爪反向转动，夹爪上半部分可以夹持绝缘子串头部或铁塔角铁进行越障，越障完成后行走轮重新挂于线路上，夹爪下半部分夹紧线路。

2.2.3　机器人箱体

考虑机器人在线路上行走时距离铁塔的空间，并参照其他比较成熟的巡检机器人的结构尺寸，确定机器人箱体的长度 $l_0 = 650\text{mm}$，宽度 $b_0 = 300\text{mm}$，高度 $h_0 = 300\text{mm}$。机器人箱体上表面需要安装肩关节驱动机构、柔索滚筒移动平台及驱动机构等零部件。

2.2.4　机器人实体模型

根据前面确定的机器人结构参数以及作业环境的障碍物类型和尺寸，利用三维建模软件 SolidWorks 建立机器人的实体模型。

（1）夹持机构实体模型

根据已经确定的行走轮的尺寸，以及夹持机构的结构形式和传动方式，建立巡检机器人夹持机构实体模型，如图 2.15 所示。

夹持机构的行走轮、支撑轮、支架等零件的材料采用铝合金，传动轴、齿轮、蜗轮蜗杆等零件的材料采用碳素钢，通过实体模型可计算出夹持机构质量约为 0.9kg，电动机质量约为 0.1kg，夹持机构总质量约为 1kg。

（2）机器人实体模型

根据图 2.9 所示的机器人结构简图及表 2.7 所示的机器人尺寸参数，建立机器人实体模型，如图 2.16 所示。

图 2.15　夹持机构实体模型　　　　图 2.16　机器人实体模型

机器人箱体内包括电源、检测设备、驱动设备等，参照现有巡检机器人的箱体质量，机器人箱体总质量约为 25kg。机器人的结构件（如箱体、各段手臂、各种支架等支撑零件）的材料采用铝合金，传动轴、齿轮、丝杠等传动零件的材料采用碳素钢，通过实体模型可计算出机器人总质量（包括夹持机构）约为 38kg，手臂各段质量约为 1.3kg，滚筒移动平台质量约为 1kg。

2.3　机器人越障动作规划与控制

巡检机器人正常巡检行走时，前后手臂的柔索承担了机器人的质量，各关节均处于放松状态，故其行走时可以很好地适应线路坡度变化。机器人巡检行走过程中，如果需要调整巡检视角，可以通过调节柔索长度来调整机器人姿态，手臂其他关节随着变化，使得机器人控制更简单。机器人巡检行走过程中的姿态调节如图 2.17 所示。

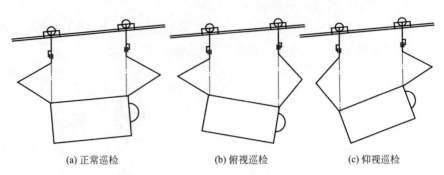

(a) 正常巡检   (b) 俯视巡检   (c) 仰视巡检

图 2.17 机器人巡检行走过程中的姿态调节

　　机器人遇到障碍物时，通过调整滚筒移动平台的位置可以将机器人质心调至某一手臂行走轮下方，而另一手臂的肩关节、肘关节和腕关节协调运动，完成其行走轮脱线、越障、挂线等动作。前后手臂上的水平旋转关节用于调整行走轮的姿态，以避开障碍物；调整手臂柔索的长度，可以调节机器人的越障距离。以上动作可以组合成机器人直接式越障、蠕动式越障、旋转式越障三种越障方式。

2.3.1 机器人质心调节与平衡

(1) 蠕动式越障质心调节

　　当机器人在线路上遇到受限通过型障碍时，无法采用直接式越障方式越过障碍物。如果障碍的尺寸较小，如单悬垂金具等，机器人可采用蠕动式越障方式，越障能力相对较弱，但越障速度较快。蠕动式越障过程如图 2.18 所示。

　　机器人遇到障碍物时停止运动，发生以下动作：

　　① 手臂 F 行走轮锁紧 [图 2.18(a)]。

　　② 手臂 B 行走轮和滚筒移动平台同时右移，逐渐将机器人的质心调整到行走轮下方 [图 2.18(b)]。

　　③ 手臂 F 脱线，手臂 B 水平回转关节微微转动，使手臂 F 伸出到障碍物右侧，水平回转关节复位，手臂 F 行走轮挂在障碍物右侧线上 [图 2.18(c)]。

　　④ 两侧行走轮同时锁紧，手臂 B 滚筒移动平台左移复位，同时调整柔索长度，逐渐将机器人质心调整至中间位置 [图 2.18(d)]。

　　⑤ 手臂 F 滚筒移动平台左移，同时调整柔索长度，逐渐将机器人质心调整到手臂 F 行走轮下方 [图 2.18(e)]。

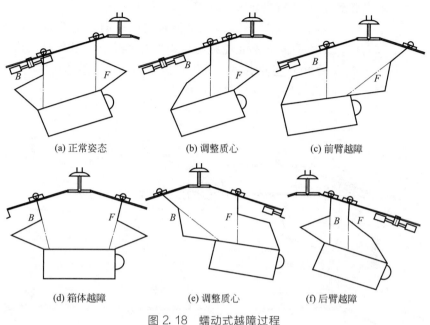

(a) 正常姿态　　　　　　(b) 调整质心　　　　　　(c) 前臂越障

(d) 箱体越障　　　　　　(e) 调整质心　　　　　　(f) 后臂越障

图 2.18　蠕动式越障过程

⑥ 手臂 B 脱线，手臂 F 水平回转关节微微转动，使手臂 B 收缩到障碍物右侧，水平回转关节复位，手臂 B 行走轮挂在障碍物右侧线上 [图 2.18(f)]。

⑦ 手臂 F 行走轮与滚筒移动平台右移，还原机器人原始状态，完成越障过程。

（2）旋转式越障质心调节

当机器人在线路上遇到的受限通过型障碍尺寸较大时，如双悬垂金具等，可采用旋转式越障方式，其越障能力较强，但速度较慢。旋转式越障过程如图 2.19 所示。

机器人遇到障碍物时停止运动，发生以下动作：

① 手臂 F 行走轮锁紧 [图 2.19(a)]。

② 手臂 B 行走轮右移，同时手臂 F 滚筒移动平台左移，逐渐将机器人的质心调整到手臂 F 行走轮下方 [图 2.19(b)]。

③ 手臂 B 脱线，手臂 F 水平回转关节转动，使手臂 B 伸出到障碍物右侧，并使手臂 B 行走轮挂在障碍物右侧线上 [图 2.19(c)]。

④ 两侧行走轮同时锁紧，手臂 F 滚筒移动平台左移复位，同时调整柔索长度，逐渐将机器人质心调整至中间位置 [图 2.19(d)]。

⑤ 手臂 B 滚筒移动平台左移，同时调整柔索长度，逐渐将机器人质心调整到手臂 B 行走轮下方 [图 2.19(e)]。

⑥ 手臂 F 脱线，手臂 B 水平回转关节转动，使手臂 F 收缩到障碍物右侧，并使手臂 F 行走轮挂在障碍物右侧线上 [图 2.19(a)]。

⑦ 手臂 F 行走轮右移，手臂 B 滚筒移动平台左移，还原机器人原始状态 [图 2.19(f)]，完成越障过程。

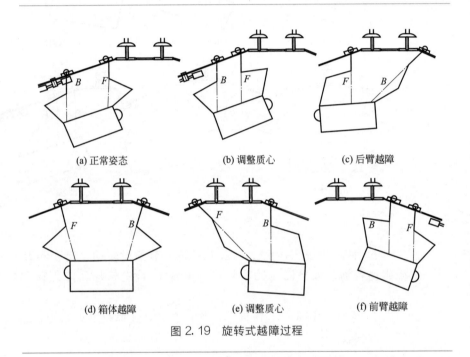

(a) 正常姿态　　　　　(b) 调整质心　　　　　(c) 后臂越障

(d) 箱体越障　　　　　(e) 调整质心　　　　　(f) 前臂越障

图 2.19　旋转式越障过程

由图 2.18 和图 2.19 可以看出，机器人旋转式越障与蠕动式越障的基本动作类似，只是动作顺序不同，主要区别在于蠕动式越障的机器人的箱体始终向前，而旋转式越障的机器人的箱体需要做 360° 转动。

2.3.2　机器人跨越一般障碍物

机器人越障方式是结合输电线路的障碍环境来设计的，对于线路上的间隔棒、单悬垂绝缘子串、双悬垂绝缘子串等较容易越过的一般障碍物，机器人采用蠕动式越障或旋转式越障，通过双臂协调运动跨越障碍物。

下面以机器人跨越导线间隔棒、导线双悬垂绝缘子串为例，分析机器人采用蠕动式越障、旋转式越障方式跨越障碍物的动作过程。

（1）跨越导线间隔棒

机器人在导线上进行巡检作业时，必须在四分裂导线的下面两根导线上行走，导线间隔棒为受限通过型障碍物，可采用蠕动式越障方式跨越间隔棒，越障动作过程如图 2.20 所示。由于间隔棒比较薄，机器人只需蠕动一次即可越过间隔棒。

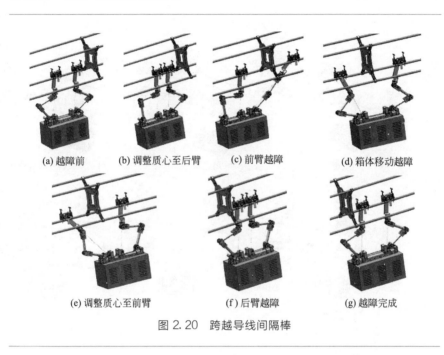

(a) 越障前　　(b) 调整质心至后臂　　(c) 前臂越障　　(d) 箱体移动越障

(e) 调整质心至前臂　　(f) 后臂越障　　(g) 越障完成

图 2.20　跨越导线间隔棒

机器人在导线上行走巡检时，行走轮始终位于线路之上，越障过程中夹持机构需要夹紧线路和松开线路与手臂协调动作完成越障，夹持机构夹紧线路和松开线路示意如图 2.21 所示。

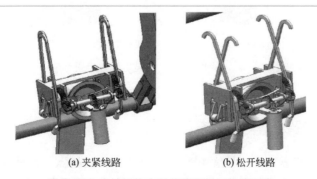

(a) 夹紧线路　　　　(b) 松开线路

图 2.21　夹持机构夹紧线路和松开线路示意

（2）跨越导线双悬垂绝缘子串

机器人跨越导线双悬垂绝缘子串时，由于双悬垂绝缘子串间距较大，机器人可采用旋转式越障方式跨越双悬垂绝缘子串，越障动作过程如图 2.22 所示。越障后机器人再恢复行走状态，继续进行行走巡检作业。

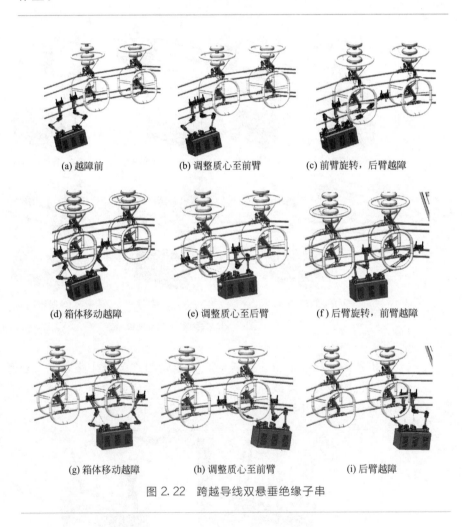

(a) 越障前　　　　　(b) 调整质心至前臂　　　　　(c) 前臂旋转，后臂越障

(d) 箱体移动越障　　　　(e) 调整质心至后臂　　　　(f) 后臂旋转，前臂越障

(g) 箱体移动越障　　　　(h) 调整质心至前臂　　　　(i) 后臂越障

图 2.22　跨越导线双悬垂绝缘子串

2.3.3　跨越导线引流线

机器人跨越导线引流线时，可蠕动式越障，也可旋转式越障，机器人以旋转式越障方式跨越导线引流线的动作过程如图 2.23 所示。由于引

流线坡度很大、张力较小、易变形，因此越障后机器人行走较困难，可采用蠕动式越障方式继续前进。

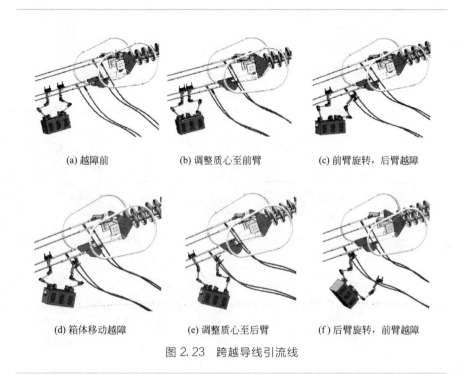

(a) 越障前   (b) 调整质心至前臂   (c) 前臂旋转，后臂越障

(d) 箱体移动越障   (e) 调整质心至后臂   (f) 后臂旋转，前臂越障

图 2.23 跨越导线引流线

2.3.4 跨越地线耐张绝缘子串和铁塔

　　机器人在地线上进行巡检作业时，跨越防振锤、悬垂绝缘子串等障碍物时较容易，但跨越耐张绝缘子串和铁塔时较困难。机器人跨越地线耐张绝缘子串和铁塔时，由于铁塔多为转角铁塔，故线路内侧与外侧有所不同。针对铁塔地线障碍物环境，机器人可根据线路空间大小采用蠕动式越障或旋转式越障方式。以跨越地线外侧障碍物为例，因线路空间较小，机器人采用蠕动式越障方式跨越耐张绝缘子串和铁塔的动作过程如图 2.24 所示。由于障碍物很长，需要多次蠕动才能完成越障。越障后恢复行走状态，继续进行巡检作业。

　　机器人跨越地线耐张绝缘子串和铁塔时，夹持机构需要利用夹爪上半部分夹紧地线绝缘子串和铁塔，与手臂协调动作完成越障。夹持机构夹紧耐张绝缘子串和铁塔示意如图 2.25 所示。

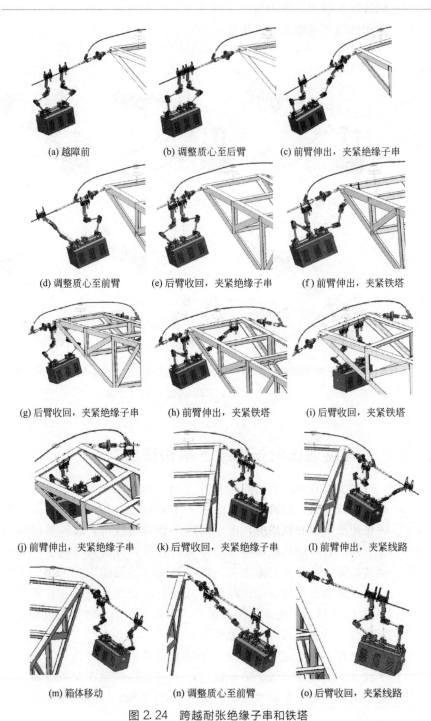

(a) 越障前　　　　　　　(b) 调整质心至后臂　　　　(c) 前臂伸出，夹紧绝缘子串

(d) 调整质心至前臂　　　　(e) 后臂收回，夹紧绝缘子串　　(f) 前臂伸出，夹紧铁塔

(g) 后臂收回，夹紧绝缘子串　(h) 前臂伸出，夹紧铁塔　　(i) 后臂收回，夹紧铁塔

(j) 前臂伸出，夹紧绝缘子串　(k) 后臂收回，夹紧绝缘子串　(l) 前臂伸出，夹紧线路

(m) 箱体移动　　　　　　(n) 调整质心至前臂　　　　(o) 后臂收回，夹紧线路

图 2.24　跨越耐张绝缘子串和铁塔

(a) 夹紧耐张绝缘子串　　　　　　　　(b) 夹紧铁塔

图 2.25　夹持机构夹紧耐张绝缘子串和铁塔示意

2.3.5　机器人线路行走力学特性分析

由于架空输电线路自重的作用，线路自然形成了悬垂线状，线路与水平线之间的夹角 α 是不断变化的，目前有些研究人员提出的双臂巡检机器人结构[24-27] 在线路适应方面存在某种不足。如图 2.26 所示的手臂轴线与导轨垂直的双臂巡检机器人，在线路上行走时随着线路夹角 α 的变化，需要随时调整两臂长度以使箱体水平，如图 2.26(a)、(b) 所示，从而保证两臂行走轮受力一致；否则，箱体倾斜将使前臂行走轮受力明显大于后臂行走轮受力，线路角度较大时会出现后臂行走轮脱线现象，如图 2.26(c) 所示。

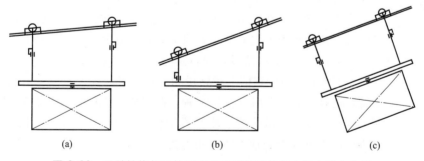

(a)　　　　　　　　　(b)　　　　　　　　　(c)

图 2.26　手臂轴线与导轨垂直的双臂巡检机器人行走受力分析

双臂巡检机器人进行正常巡检作业时，其手臂各关节处于放松状态，两臂通过肩关节与箱体铰接，在线路上行走时，随着线路夹角 α 的变化，由于肩关节与箱体铰接且处于放松状态，箱体倾斜而手臂保持垂直状态，从而保证两臂行走轮受力基本一致，如图 2.27 所示，使得该机器人无须进行任何调整，就能够很好地适应线路坡度的变化，简化了机器人行走时的控制。

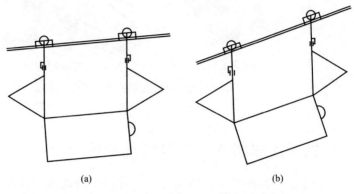

图 2.27　双臂巡检机器人行走受力分析

由于输电线路呈悬垂线状，因此机器人在巡检过程中，会出现上坡和下坡两种情况。另外，机器人在输电线路上行走时，会出现加速行走、匀速行走、减速行走和停止四种状态，其中停止状态时行走轮可不提供转矩或提供较小的制动转矩；加速行走、匀速行走和减速行走状态时行走轮需要提供驱动转矩或制动转矩。由于线路悬垂形成的曲率半径远远大于机器人两臂之间的距离，因此可以认为两臂之间的线路为直线。

（1）机器人匀速行走

当巡检机器人在输电线路上匀速行走时，机器人行走轮驱动电动机提供转矩，使机器人匀速行走，机器人各部分处于受力平衡状态。

1）机器人在上坡路段匀速行走

机器人在输电线路的上坡路段匀速行走时，处于受力平衡状态，两只手臂在机器人重力作用下自然下垂，此时机器人的受力状态如图 2.28(a) 所示，与停止在输电线路上坡路段的受力状态一致，因此可分析得到机器人前后手臂行走轮轴处的作用力为

$$\left.\begin{array}{l} F_{\mathrm{F}}=(m_1+m_2+m_3+m_5)g+m_0 g\,\dfrac{\sqrt{l^2+h^2}\cos(\theta-\alpha)}{2l\cos\alpha} \\[4mm] F_{\mathrm{B}}=(m_1+m_2+m_3+m_5+m_0)g-m_0 g\,\dfrac{\sqrt{l^2+h^2}\cos(\theta-\alpha)}{2l\cos\alpha} \end{array}\right\} \quad (2.8)$$

式中，F_{F} 为机器人前手臂行走轮轴处的作用力，N；F_{B} 为机器人后手臂行走轮轴处的作用力，N；α 为输电线路与水平面的夹角，(°)；θ

为 $\overline{O_{B1}G}$ 与箱体上表面的夹角，(°)；l 为箱体质心沿箱体上表面与肩关节的距离，mm；h 为箱体质心与箱体上表面的垂直距离，mm；O_{B1} 为机器人肩关节的中心；G 为机器人箱体的质心。

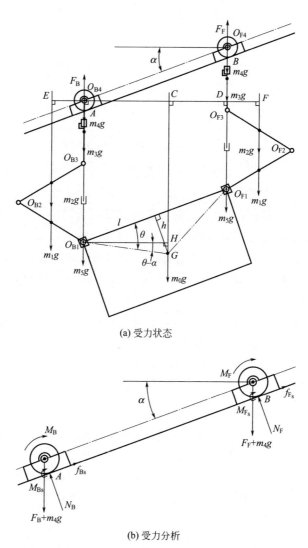

(a) 受力状态

(b) 受力分析

图 2.28 机器人匀速上坡时的受力状态和受力分析

机器人在输电线路的上坡路段匀速行走时，行走轮的驱动电动机提供上坡行走的驱动转矩[35]，行走轮也处于受力平衡状态，如图 2.28(b)所示，行走轮在驱动转矩作用下匀速向前滚动。机器人前后手臂行走轮

驱动电动机提供的驱动转矩大小应满足以下条件:

$$\left.\begin{aligned}
N_F &= (F_F + m_4 g)\cos\alpha \\
M_{Fc} &= N_F \delta \\
f_{Fc} &= (F_F + m_4 g)\sin\alpha \\
M_F - M_{Fc} - f_{Fc} r &= 0
\end{aligned}\right\} \tag{2.9}$$

$$\left.\begin{aligned}
N_B &= (F_B + m_4 g)\cos\alpha \\
M_{Bc} &= N_B \delta \\
f_{Bc} &= (F_B + m_4 g)\sin\alpha \\
M_B - M_{Bc} - f_{Bc} r &= 0
\end{aligned}\right\} \tag{2.10}$$

式中,N_F 为输电线路对前臂行走轮的正压力,N;N_B 为输电线路对后臂行走轮的正压力,N;f_{Fs} 为输电线路对前臂行走轮的摩擦力,N;f_{Bs} 为输电线路对后臂行走轮的摩擦力,N;M_{Fs} 为输电线路对前臂行走轮的滚动摩阻力偶,N·m;M_{Bs} 为输电线路对后臂行走轮的滚动摩阻力偶,N·m;M_F 为前臂行走轮驱动电动机的力矩,N·m;M_B 为后臂行走轮驱动电动机的力矩,N·m;δ 为输电线路对行走轮的滚动摩阻系数;r 为行走轮的半径,mm。

根据式(2.9)和式(2.10)可以求出机器人前后手臂行走轮驱动电动机提供的驱动转矩分别为

$$\left.\begin{aligned}
M_F &= (F_F + m_4 g)(r\sin\alpha + \delta\cos\alpha) \\
M_B &= (F_B + m_4 g)(r\sin\alpha + \delta\cos\alpha)
\end{aligned}\right\} \tag{2.11}$$

2)机器人在下坡路段匀速行走

机器人在输电线路的下坡路段匀速行走时,处于受力平衡状态,两只手臂在机器人重力作用下自然下垂,其机器人的受力状态如图 2.29(a)所示,与机器人停止在输电线路下坡路段的受力状态一致,因此可分析得到机器人前后手臂行走轮轴处的作用力[式中参数含义同式(2.8)]:

$$\left.\begin{aligned}
F_B &= (m_1 + m_2 + m_3 + m_5)g + m_0 g\frac{\sqrt{l^2 + h^2}\cos(\theta - \alpha)}{2l\cos\alpha} \\
F_F &= (m_1 + m_2 + m_3 + m_5 + m_0)g - m_0 g\frac{\sqrt{l^2 + h^2}\cos(\theta - \alpha)}{2l\cos\alpha}
\end{aligned}\right\}$$

$$\tag{2.12}$$

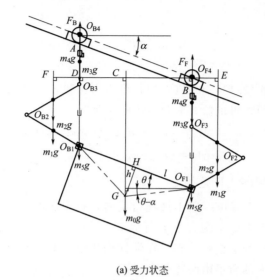

(a) 受力状态

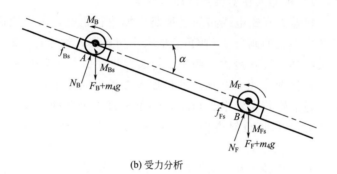

(b) 受力分析

图 2.29　机器人匀速下坡时的受力状态和受力分析

　　机器人在输电线路的下坡路段匀速行走时，行走轮电动机提供阻碍机器人下滑的转矩，行走轮也处于受力平衡状态，如图 2.29(b) 所示，行走轮匀速向前滚动，机器人前后手臂行走轮驱动电动机提供的驱动转矩大小应满足以下条件 [式中参数含义同式(2.9) 和式(2.10)]：

$$\left.\begin{array}{l} N_F = (F_F + m_4 g)\cos\alpha \\ M_{Fc} = N_F \delta \\ f_{Fc} = (F_F + m_4 g)\sin\alpha \\ M_F + M_{Fc} - f_{Fc} r = 0 \end{array}\right\} \qquad (2.13)$$

$$\left. \begin{array}{l} N_B = (F_B + m_4 g)\cos\alpha \\ M_{Bc} = N_B \delta \\ f_{Bc} = (F_B + m_4 g)\sin\alpha \\ M_B + M_{Bc} - f_{Bc} r = 0 \end{array} \right\} \quad (2.14)$$

根据式（2.13）和式（2.14）可以求出机器人前后手臂行走轮驱动电动机提供的阻碍机器人下滑的转矩分别为

$$\left. \begin{array}{l} M_F = (F_F + m_4 g)(r\sin\alpha - \delta\cos\alpha) \\ M_B = (F_B + m_4 g)(r\sin\alpha - \delta\cos\alpha) \end{array} \right\} \quad (2.15)$$

（2）机器人加速行走

机器人在输电线路上加速行走时，行走轮驱动电动机提供加速行走转矩，机器人处于受力不平衡状态，无论是上坡路段还是下坡路段，由于各关节均处于松弛状态，在惯性作用下两只手臂均会向后倾斜一定角度，机器人的质量由两臂柔索承担。

1）机器人在上坡路段加速行走

机器人在输电线路的上坡路段加速行走时，由于惯性作用，手臂向后产生一定的倾角 β，倾角 β 的大小与机器人加速行走的加速度 a 的大小有关，加速度 a 越大，倾角 β 越大，此时受力状态如图 2.30(a) 所示。

根据图 2.30(a) 所示的机器人在输电线路上坡路段加速行走时的姿态，过后臂行走轮中心 O_{B4} 作一条垂直于手臂的直线，再过机器人各部分质心沿手臂倾斜方向作该直线的垂线，与该直线的垂足分别为 E、O_{B4}、C、D、F。

建立机器人在上坡路段加速行走时各部分质心的几何关系表达式：

$$\left. \begin{array}{l} \overline{O_{B1}G} = \sqrt{l^2 + h^2} \\ \overline{O_{B4}C} = \overline{O_{B1}H} = \overline{O_{B1}G}\cos\varphi \\ \overline{O_{B4}D} = 2l\cos(\alpha + \beta) \\ \overline{O_{B4}E} = \overline{DF} \\ \theta = \arctan\dfrac{h}{l} \\ \beta = \arcsin\left[\dfrac{a}{g_e}\sin\left(\dfrac{\pi}{2} + \alpha\right)\right] \\ g_e = \sqrt{a^2 + g^2 - 2ag\cos\left(\dfrac{\pi}{2} + \alpha\right)} \\ \varphi = \theta - \alpha - \beta \end{array} \right\} \quad (2.16)$$

式中，β 为机器人手臂倾斜角，(°)；a 为机器人沿线路前进加速度，$\mathrm{m/s^2}$；g 为重力加速度，$\mathrm{m/s^2}$；g_e 为机器人沿手臂方向的向下加速度，$\mathrm{m/s^2}$。其余参数含义同式(2.8)。

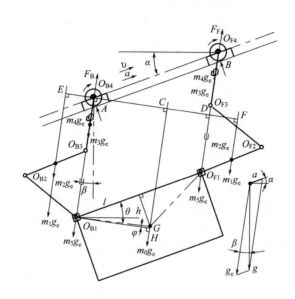

(a) 受力状态

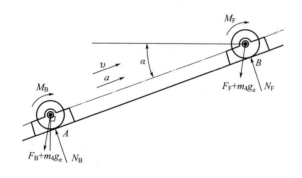

(b) 受力分析

图 2.30　机器人在上坡路段加速行走时的受力状态和受力分析

根据图 2.30(a) 所示的机器人在线路上的姿态和受力情况，以及式(2.16) 所示的各部分质心的几何关系表达式，建立机器人在上坡路段加速行走时两臂行走轮轮轴受力平衡方程 [式中参数含义同式(2.8)、式(2.9) 和式(2.16)]：

$$
\left.\begin{array}{l}
F_{\mathrm{F}}+F_{\mathrm{B}}=m_0 g_{\mathrm{e}}+2(m_1+m_2+m_3+m_5)g_{\mathrm{e}} \\
F_{\mathrm{F}}\overline{O_{\mathrm{B4}}D}-m_3 g_{\mathrm{e}}\overline{O_{\mathrm{B4}}D}-(m_1+m_2)g_{\mathrm{e}}(\overline{O_{\mathrm{B4}}D}+\overline{DF}) \\
-m_5 g_{\mathrm{e}}\overline{O_{\mathrm{B4}}D}-m_0 g_{\mathrm{e}}\overline{O_{\mathrm{B4}}C}+(m_1+m_2)g_{\mathrm{e}}\overline{O_{\mathrm{B4}}E}=0
\end{array}\right\} \tag{2.17}
$$

根据式(2.16)和式(2.17)，可以求出由机器人（不包含夹持机构）沿倾角 β 方向，前后手臂行走轮轮轴处产生的作用力分别为

$$
\left.\begin{array}{l}
F_{\mathrm{F}}=(m_1+m_2+m_3+m_5)g_{\mathrm{e}}+m_0 g_{\mathrm{e}}\dfrac{\sqrt{l^2+h^2}\cos(\theta-\alpha-\beta)}{2l\cos(\alpha+\beta)} \\[4mm]
F_{\mathrm{B}}=(m_1+m_2+m_3+m_5+m_0)g_{\mathrm{e}}-m_0 g_{\mathrm{e}}\dfrac{\sqrt{l^2+h^2}\cos(\theta-\alpha-\beta)}{2l\cos(\alpha+\beta)}
\end{array}\right\}
$$

$$\tag{2.18}$$

机器人在上坡路段加速行走时，行走轮电动机提供向上加速行走的转矩，如图 2.30(b) 所示，机器人前后手臂行走轮驱动电动机提供的驱动转矩大小应满足以下条件 [式中参数含义同式(2.9)、式(2.10) 和式(2.16)]：

$$
\left.\begin{array}{l}
N_{\mathrm{F}}=(F_{\mathrm{F}}+m_4 g_{\mathrm{e}})\cos(\alpha+\beta) \\
M_{\mathrm{Fa}}=N_{\mathrm{F}}\delta \\
f_{\mathrm{Fa}}=(F_{\mathrm{F}}+m_4 g_{\mathrm{e}})\sin(\alpha+\beta) \\
M_{\mathrm{F}}-M_{\mathrm{Fa}}-f_{\mathrm{Fa}}r=0
\end{array}\right\} \tag{2.19}
$$

$$
\left.\begin{array}{l}
N_{\mathrm{B}}=(F_{\mathrm{B}}+m_4 g_{\mathrm{e}})\cos(\alpha+\beta) \\
M_{\mathrm{Ba}}=N_{\mathrm{B}}\delta \\
f_{\mathrm{Ba}}=(F_{\mathrm{B}}+m_4 g_{\mathrm{e}})\sin(\alpha+\beta) \\
M_{\mathrm{B}}-M_{\mathrm{Ba}}-f_{\mathrm{Ba}}r=0
\end{array}\right\} \tag{2.20}
$$

根据式(2.19) 和式(2.20) 可以求出机器人前后手臂行走轮驱动电动机提供的驱动转矩分别为

$$
\left.\begin{array}{l}
M_{\mathrm{F}}=(F_{\mathrm{F}}+m_4 g_{\mathrm{e}})[r\sin(\alpha+\beta)+\delta\cos(\alpha+\beta)] \\
M_{\mathrm{B}}=(F_{\mathrm{B}}+m_4 g_{\mathrm{e}})[r\sin(\alpha+\beta)+\delta\cos(\alpha+\beta)]
\end{array}\right\} \tag{2.21}
$$

2）机器人在下坡路段加速行走

机器人在输电线路的下坡路段加速行走时，行走轮电动机提供加速

行走转矩，由于惯性作用，手臂也会向后产生一定的倾角 β，且加速度 a 越大，倾角 β 越大，此时的受力状态如图 2.31(a) 所示。

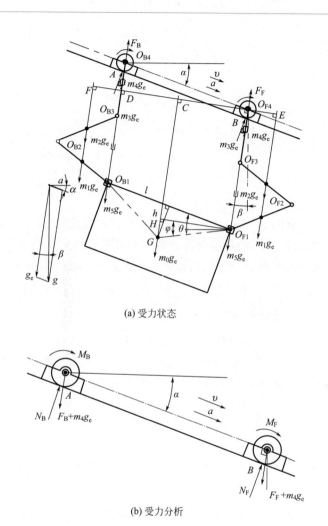

(a) 受力状态

(b) 受力分析

图 2.31　机器人在下坡路段加速行走时的受力状态和受力分析

根据图 2.31(a) 所示的机器人在输电线路下坡路段加速行走时的姿态，过前臂行走轮中心 O_{F4} 作一条垂直于手臂的直线，再过机器人各部分质心沿手臂倾斜方向作该直线的垂线，与该直线的垂足分别为 E、O_{F4}、C、D、F，据此建立机器人在上坡路段加速行走时各部分质心的几何关系表达式 [式中参数含义同式(2.16)]：

$$\left.\begin{aligned}
\overline{O_{F1}G} &= \sqrt{l^2+h^2} \\
\overline{O_{F4}C} &= \overline{O_{F1}H} = \overline{O_{F1}G}\cos\varphi \\
\overline{O_{F4}D} &= 2l\cos(\alpha-\beta) \\
\overline{O_{F4}E} &= \overline{DF} \\
\theta &= \arctan\frac{h}{l} \\
\beta &= \arcsin\left[\frac{a}{g_e}\sin\left(\frac{\pi}{2}-\alpha\right)\right] \\
g_e &= \sqrt{a^2+g^2-2ag\cos\left(\frac{\pi}{2}-\alpha\right)} \\
\varphi &= \theta-\alpha+\beta
\end{aligned}\right\} \tag{2.22}$$

根据图 2.31(a) 所示的机器人在线路上的姿态和受力情况，以及式(2.22) 所示的各部分质心的几何关系表达式，建立机器人在上坡路段加速行走时两臂行走轮轮轴受力平衡方程［式中参数含义同式(2.17)］：

$$\left.\begin{aligned}
F_F+F_B &= m_0 g_e + 2(m_1+m_2+m_3+m_5)g_e \\
F_B\overline{O_{F4}D} &- m_3 g_e \overline{O_{F4}D} - (m_1+m_2)g_e(\overline{O_{F4}D}+\overline{DF}) \\
&- m_5 g_e \overline{O_{F4}D} - m_0 g_e \overline{O_{F4}C} + (m_1+m_2)g_e\overline{O_{F4}E} = 0
\end{aligned}\right\} \tag{2.23}$$

根据式(2.22) 和式(2.23)，可以求出由机器人（不包含夹持机构）沿倾角 β 方向，前后手臂行走轮轮轴处产生的作用力分别为

$$\left.\begin{aligned}
F_B &= (m_1+m_2+m_3+m_5)g_e + m_0 g_e \frac{\sqrt{l^2+h^2}\cos(\theta-\alpha+\beta)}{2l\cos(\alpha-\beta)} \\
F_F &= (m_1+m_2+m_3+m_5+m_0)g_e - m_0 g_e \frac{\sqrt{l^2+h^2}\cos(\theta-\alpha+\beta)}{2l\cos(\alpha-\beta)}
\end{aligned}\right\}$$

$$\tag{2.24}$$

机器人在下坡路段加速行走时，行走轮电动机提供向下加速行走的转矩，如图 2.31(b) 所示，机器人前后手臂行走轮驱动电动机提供的驱动转矩大小应满足以下条件［式中参数含义同式(2.19) 和式(2.20)］：

$$\left.\begin{aligned}
N_F &= (F_F+m_4 g_e)\cos(\alpha-\beta) \\
M_{Fa} &= N_F\delta \\
f_{Fa} &= (F_F+m_4 g_e)\sin(\alpha-\beta) \\
M_F &- M_{Fa} - f_{Fa}r = 0
\end{aligned}\right\} \tag{2.25}$$

$$\left.\begin{array}{l} N_{B}=(F_{B}+m_4 g_e)\cos(\alpha-\beta)\\ M_{Ba}=N_B\delta\\ f_{Ba}=(F_B+m_4 g_e)\sin(\alpha-\beta)\\ M_B-M_{Ba}-f_{Ba}r=0 \end{array}\right\} \tag{2.26}$$

根据式(2.25) 和式(2.26) 可以求出机器人前后手臂行走轮驱动电动机提供的驱动转矩分别为

$$\left.\begin{array}{l} M_F=(F_F+m_4 g_e)[r\sin(\alpha-\beta)+\delta\cos(\alpha-\beta)]\\ M_B=(F_B+m_4 g_e)[r\sin(\alpha-\beta)+\delta\cos(\alpha-\beta)] \end{array}\right\} \tag{2.27}$$

(3) 机器人减速行走

机器人在输电线路上减速行走时,行走轮驱动电动机提供制动行走转矩,机器人处于受力不平衡状态,无论是上坡路段还是下坡路段,由于各关节均处于松弛状态,在惯性作用下,两只手臂均会向前倾斜一定的角度,机器人的质量由两臂柔索承担。

1) 机器人在上坡路段减速行走

机器人在输电线路的上坡路段减速行走时,由于惯性作用,手臂向前产生一定的倾角 β,倾角 β 的大小与机器人减速行走的加速度 a 的大小有关,加速度 a 越大,倾角 β 越大,此时的受力状态如图 2.32(a) 所示。

根据图 2.32(a) 所示的机器人在输电线路上坡路段减速行走时的姿态,过后臂行走轮中心 O_{B4} 作一条垂直于手臂的直线,再过机器人各部分质心沿手臂倾斜方向作该直线的垂线,与该直线的垂足分别为 E、O_{B4}、C、D、F,据此建立机器人在上坡路段减速行走时各部分质心的几何关系表达式 [式中参数含义同式(2.16)]:

$$\left.\begin{array}{l} \overline{O_{B1}G}=\sqrt{l^2+h^2}\\[4pt] \overline{O_{B4}C}=\overline{O_{B1}H}=\overline{O_{B1}G}\cos\varphi\\[4pt] \overline{O_{B4}D}=2l\cos(\alpha-\beta)\\[4pt] \overline{O_{B4}E}=\overline{DF}\\[4pt] \theta=\arctan\dfrac{h}{l}\\[8pt] \beta=\arcsin\left[\dfrac{a}{g_e}\sin\left(\dfrac{\pi}{2}-\alpha\right)\right]\\[8pt] g_e=\sqrt{a^2+g^2-2ag\cos\left(\dfrac{\pi}{2}-\alpha\right)}\\[8pt] \varphi=\theta-\alpha+\beta \end{array}\right\} \tag{2.28}$$

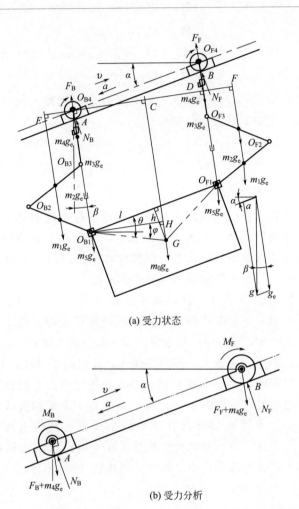

(a) 受力状态

(b) 受力分析

图 2.32 机器人在上坡路段减速行走时的受力状态和受力分析

根据图 2.32(a) 所示的机器人在线路上的姿态和受力情况，以及式(2.28) 所示的各部分质心的几何关系表达式，建立机器人在上坡路段加速行走时两臂行走轮轮轴受力平衡方程 [式中参数含义同式(2.17)]：

$$
\left.
\begin{aligned}
& F_F + F_B = m_0 g_e + 2(m_1 + m_2 + m_3 + m_5) g_e \\
& F_F \overline{O_{B4}D} - m_3 g_e \overline{O_{B4}D} - (m_1 + m_2) g_e (\overline{O_{B4}D} + \overline{DF}) \\
& - m_5 g_e \overline{O_{B4}D} - m_0 g_e \overline{O_{B4}C} + (m_1 + m_2) g_e \overline{O_{B4}E} = 0
\end{aligned}
\right\}
\quad (2.29)
$$

根据式(2.28) 和式(2.29)，可以求出由机器人（不包含夹持机构）

沿倾角 β 方向，前后手臂行走轮轮轴处产生的作用力分别为

$$\left.\begin{array}{l} F_{\mathrm{F}} = (m_1 + m_2 + m_3 + m_5)g_e + m_0 g_e \dfrac{\sqrt{l_0^2 + h^2}\cos(\theta - \alpha + \beta)}{2l_0\cos(\alpha - \beta)} \\[4mm] F_{\mathrm{B}} = (m_1 + m_2 + m_3 + m_5 + m_0)g_e - m_0 g_e \dfrac{\sqrt{l_0^2 + h^2}\cos(\theta - \alpha + \beta)}{2l_0\cos(\alpha - \beta)} \end{array}\right\}$$

$$(2.30)$$

机器人在上坡路段减速行走时，行走轮电动机提供向上减速行走的制动转矩，如图 2.32(b) 所示，机器人前后手臂行走轮驱动电动机提供的制动转矩大小应满足以下条件 [式中参数含义同式（2.19）和式（2.20）]：

$$\left.\begin{array}{l} N_{\mathrm{F}} = (F_{\mathrm{F}} + m_4 g_e)\cos(\alpha - \beta) \\[2mm] M_{\mathrm{Fd}} = N_{\mathrm{F}}\delta \\[2mm] f_{\mathrm{Fd}} = (F_{\mathrm{F}} + m_4 g_e)\sin(\alpha - \beta) \\[2mm] M_{\mathrm{F}} - M_{\mathrm{Fd}} - f_{\mathrm{Fd}} r = 0 \end{array}\right\}$$

$$(2.31)$$

$$\left.\begin{array}{l} N_{\mathrm{B}} = (F_{\mathrm{B}} + m_4 g_e)\cos(\alpha - \beta) \\[2mm] M_{\mathrm{Bd}} = N_{\mathrm{B}}\delta \\[2mm] f_{\mathrm{Bd}} = (F_{\mathrm{B}} + m_4 g_e)\sin(\alpha - \beta) \\[2mm] M_{\mathrm{B}} - M_{\mathrm{Bd}} - f_{\mathrm{Bd}} r = 0 \end{array}\right\}$$

$$(2.32)$$

根据式（2.31）和式（2.32）可以求出机器人前后手臂行走轮驱动电动机提供的制动转矩分别为

$$\left.\begin{array}{l} M_{\mathrm{F}} = (F_{\mathrm{F}} + m_4 g_e)\big[r\sin(\alpha - \beta) + \delta\cos(\alpha - \beta)\big] \\[2mm] M_{\mathrm{B}} = (F_{\mathrm{B}} + m_4 g_e)\big[r\sin(\alpha - \beta) + \delta\cos(\alpha - \beta)\big] \end{array}\right\}$$

$$(2.33)$$

2）机器人下坡路段减速行走

机器人在输电线路的下坡路段减速行走时，行走轮电动机提供减速行走制动转矩，由于惯性作用，手臂也会向前产生一定的倾角 β，且加速度 a 越大，倾角 β 越大，此时的受力状态如图 2.33(a) 所示。

根据图 2.33(a) 所示的机器人在输电线路下坡路段减速行走时的姿态，过前臂行走轮中心 O_{F4} 作一条垂直于手臂的直线，再过机器人各部分质心沿手臂倾斜方向作该直线的垂线，与该直线的垂足分别为 E、O_{F4}、C、D、F，据此建立机器人在下坡路段减速行走时各部分质心的几何关系表达式：

$$\left. \begin{array}{l} \overline{O_{F1}G} = \sqrt{l^2 + h^2} \\[4pt] \overline{O_{F4}C} = \overline{O_{F1}H} = \overline{O_{F1}G}\cos\varphi \\[4pt] \overline{O_{F4}D} = 2l\cos(\alpha+\beta) \\[4pt] \overline{O_{F4}E} = \overline{DF} \\[4pt] \theta = \arctan(h/l) \\[4pt] \beta = \arcsin\left[a/g_e\sin(\pi/2+\alpha)\right] \\[4pt] g_e = \sqrt{a^2 + g^2 - 2ag\cos(\pi/2+\alpha)} \\[4pt] \varphi = \theta - \alpha - \beta \end{array} \right\} \qquad (2.34)$$

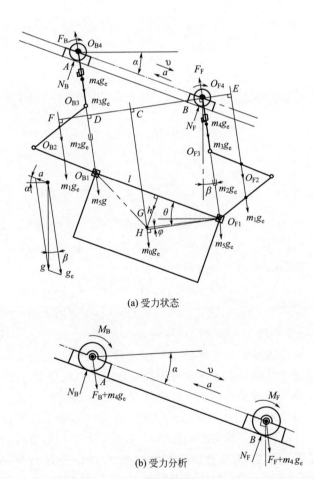

(a) 受力状态

(b) 受力分析

图 2.33 机器人在下坡路段减速行走时的受力状态和受力分析

根据图 2.33(a) 所示的机器人在线路上的姿态和受力情况，以及式(2.34) 所示的各部分质心的几何关系表达式，建立机器人在下坡路段减速行走时两臂行走轮轮轴受力平衡方程 [式中参数含义同式(2.17)]：

$$\left.\begin{aligned} &F_F + F_B = m_0 g_e + 2(m_1 + m_2 + m_3 + m_5)g_e \\ &F_B \overline{O_{F4}D} - m_3 g_e \overline{O_{F4}D} - (m_1 + m_2)g_e(\overline{O_{F4}D} + \overline{DF}) \\ &- m_5 g_e \overline{O_{F4}D} - m_0 g_e \overline{O_{F4}C} + (m_1 + m_2)g_e \overline{O_{F4}E} = 0 \end{aligned}\right\} \quad (2.35)$$

根据式(2.34) 和式(2.35)，可以求出由机器人（不包含夹持机构）沿倾角 β 方向，前后手臂行走轮轮轴处产生的作用力分别为

$$\left.\begin{aligned} &F_B = (m_1 + m_2 + m_3 + m_5)g_e + m_0 g_e \frac{\sqrt{l^2 + h^2}\cos(\theta - \alpha - \beta)}{2l\cos(\alpha + \beta)} \\ &F_F = (m_1 + m_2 + m_3 + m_5 + m_0)g_e - m_0 g_e \frac{\sqrt{l^2 + h^2}\cos(\theta - \alpha - \beta)}{2l\cos(\alpha + \beta)} \end{aligned}\right\}$$

$$(2.36)$$

机器人在下坡路段减速行走时，行走轮电动机提供向下减速行走的制动转矩，如图 2.33(b) 所示，机器人前后手臂行走轮驱动电动机提供的制动转矩大小应满足以下条件 [式中参数含义同式(2.19) 和式(2.20)]：

$$\left.\begin{aligned} &N_F = (F_F + m_4 g_e)\cos(\alpha + \beta) \\ &M_{Fd} = N_F \delta \\ &f_{Fd} = (F_F + m_4 g_e)\sin(\alpha + \beta) \\ &M_F - M_{Fd} - f_{Fd} r = 0 \end{aligned}\right\} \quad (2.37)$$

$$\left.\begin{aligned} &N_B = (F_B + m_4 g_e)\cos(\alpha + \beta) \\ &M_{Bd} = N_B \delta \\ &f_{Bd} = (F_B + m_4 g_e)\sin(\alpha + \beta) \\ &M_B - M_{Bd} - f_{Bd} r = 0 \end{aligned}\right\} \quad (2.38)$$

根据式(2.37) 和式(2.38) 可以求出机器人前后手臂行走轮驱动电动机提供的制动转矩分别为

$$\left.\begin{aligned} &M_F = (F_F + m_4 g_e)[r\sin(\alpha + \beta) + \delta\cos(\alpha + \beta)] \\ &M_B = (F_B + m_4 g_e)[r\sin(\alpha + \beta) + \delta\cos(\alpha + \beta)] \end{aligned}\right\} \quad (2.39)$$

参考文献

［1］ 张运楚，梁自泽，谭民. 架空电力线路巡线机器人的研究综述[J]. 机器人，2004，26（5）：467-473.

［2］ Montambault S，Cote J，St.Louis. Preliminary results on the development of a teleoperated compact trolley for live-line working[C]. Proceeding of the 2000 IEEE 9th International Conference on Transmission and Distribution Construction, Operation and Live-line Maintenance. Montreal: Canada, 2000: 21-27.

［3］ Montambault S，Pouliot N.The HQ LineROVer: contributing to innovation in transmission line maintenance [C]. Proceedings of the 2003 IEEE 10th International Conference on Transmission and Distribution Construction, Operation and Live-line Maintenance. Orlando: USA, 2003: 3-40.

［4］ Nicolas Pouliot, Serge Montambault. Line Scout Technology: From Inspection to Robotic Maintenance on Live Transmission Power Lines [C]. 2009 IEEE International Conference on Robotics and Automation Kobe International Conference Center. Kobe, Japan, 2009: 1034-1040.

［5］ Janos Toth, Nicolas Pouliot , Serge Montambault. Field Experiences Using LineScout Technology on Large BC Transmission Crossings[C]. International Conference on Applied Robotics for the Power Industry, 2010（12）.

［6］ Paulo Debenest, Michele Guarnieri, Ken-suke Takita, et al. Expliner-robot for Inspection of Transmission Lines[C]. EEE International Conference on Robotics and Automation Pasadena.CA, USA, 2008: 3978-3984.

［7］ Paulo Debenest, Michele Guarnieri. Expliner-From Prototype Towards a Practical Robot for Inspection of High-Voltage Lines［C］, International Conference on Applied Robotics for the Power Industry, 2010（12）: 1-6.

［8］ Trevor Lorimer, Ed Boje. A Simple Robot Manipulator able to Negotiate Power Line Hardware ［C］. 2nd International Conference on Applied Robotics for the Power Industry, ETH Zurich, Switzerland, 2012: 136-141.

［9］ Timothy Rowell, Ed Boje. Obstacle Avoidance for a Power Line Inspection Robot[C]. 2nd International Conference on Applied Robotics for the Power Industry, ETH Zurich, Switzerland, 2012.

［10］ 吴功平，戴锦春，郭应龙. 具有自动越障功能的高压巡检小车[J]. 水利电力机械，1999（1）: 46-49.

［11］ 吴功平，肖晓晖，郭应龙，等. 架空高压输电线自动爬行机器人的研制[J]. 中国机械工程，2006，17（3）: 237-240.

［12］ 吴功平，曹珩，皮渊，等. 高压多分裂输电线路自主巡检机器人及其应用[J]. 武汉大学学报（工学版），2012，45（1）: 96-102.

［13］ 赵凤华. 武汉大学研制自主巡线机器人

[N].中国技术市场报, 2011, 6 (24).

[14] 付双飞, 王洪光, 房立金, 等.超高压输电线路巡检机器人越障控制问题的研究 [J]. 机器人, 2005, 27 (4): 341-346.

[15] 孙翠莲, 王洪光, 王鲁单, 等.一种改进的超高压输电线路巡检机器人越障方法 [J]. 机器人, 2006, 28 (4): 379-384.

[16] Wang Hongguang, Jiang Yong, Liu Aihua, et al. Research of Power Transmission Line Maintenance Robots in SIACAS [C]. 2010 1st International Conference on Applied Robotics for the Power Industry. Canada, 2010.

[17] http://www.cas.cn/ky/kyjz/200604/t20060427_1032421.shtml.

[18] 张廷羽, 张国贤, 金健. 高压线巡检机器人动力学建模及分析 [J]. 系统仿真学报 2008, 20 (18): 4982-4986.

[19] 张维磊, 张国贤, 林海滨, 等.一种新型巡检机器人的结构设计与运动学分析 [J]. 机械设计, 2010, 27 (12): 50-52.

[20] 任志斌, 阮毅.输电线路巡检机器人越障方法的研究与实现 [J]. 中北大学学报, 2011, 32 (3): 280-285.

[21] Ludan Wang, Sheng Cheng, Jianwei Zhang. Development of a Line-Walking Mechanism for Power Transmission Line Inspection Purpose [C]. The 2009 IEEE/RSJ International Conference on Intelligent Robots and Systems. St. Louis, USA, 2009.

[22] Ludan Wang, Fei Liu, Shaoqiang Xu, et al. Design and Analysis of a Line-Walking Robot for Power Transmission Line Inspection [C]. Proceedings of the 2010 IEEE International Conference on Information and Automation. Haerbin, China, 2010.

[23] Ludan Wang, Fei Liu, Zhen Wang, et al. Development of a Novel Power Transmission Line Inspection Robot[C]. 2010 1st International Conference on Applied Robotics for the Power Industry Delta Centre-Ville. Montreal, Canada, 2010.

[24] 孙翠莲, 赵明扬, 王洪光. 风荷载下越障巡检机器人结构参数优化[J]. 机械工程学报, 2010, 46 (7): 16-21.

[25] Hongguang Wang, Fei Zhang, Yong Jiang. Development of an Inspection Robot for 500kV EHV Power Transmission Lines[C]. The 2010 IEEE/RSJ International Conference on Intelligent Robots and Systems.Taipei, Taiwan, 2010: 5107-5112.

[26] 严宇, 吴功平, 杨展, 等.基于模型的巡线机器人无碰避障方法研究[J]. 武汉大学学报 (工学版), 2013, 46 (2): 261-265.

[27] Cheng Li, Gongping Wu, Heng Cao. The Research on Mechanism, Kinematics and Experiment of 220kV Double-Circuit Transmission Line Inspection Robot [C]. ICIRA 2009, LNAI 5928, 2009: 1146-1155.

[28] 訾斌, 朱真才, 曹建斌. 混合驱动柔索并联机器人的设计与分析 [J]. 机械工程学报, 2011, 47 (17): 1-8.

[29] 刘杰, 宁柯军, 赵明扬. 一种新型柔索驱动并联机器人的模型样机[J]. 东北大学学报 (自然科学版), 2002, 23 (10): 988-991.

[30] 蔡自兴. 机器人学[M].第2版. 北京: 清华大学出版社, 2009.

[31] 于靖军, 刘辛军, 丁希仑, 等. 机器人机构学的数学基础[M]. 北京: 机械工业出版社, 2009.

[32] 杜敬利, 保宏, 崔传贞. 基于等效模型的索牵引并联机器人的刚度分析[J]. 工程力学, 2011, 28 (5): 194-199.

[33]　房立金，王洪光.架空线移动机器人行走越障特点[J].智能系统学报，2010，5（36）：462-497.

[34]　房立金.架空线移动机器人主被动混合控制[J].华中科技大学学报（自然科学版），2011，（39）：5-9.

[35]　封尚，章合滔，薛建彬，等.线缆巡线机器人机械结构设计及动力学分析[J].机械与电子，2013，12（12）：70-74.

第3章

多节式攀爬
机器人

3.1 机器人构型及越障原理

多节式机器人是指由多个单元机构串联所组成的一类机器人，一般情况下，串联单元个数大于或等于 4 个。具备攀爬能力的多节式机器人称为多节式攀爬机器人，广泛应用于各类巡检及避障作业环境，多采用仿生（蛇、蚯蚓、蜈蚣等）结构形式，在灾难救援、架空输电线路巡检、极限环境操作等工况中有良好的应用前景。本章主要介绍一种新型的多节式架空输电线路巡检机器人的越障机理、结构设计及越障过程规划与控制。

3.1.1 研究现状

(1) 多节式机器人的分类

多节式机器人按工作方式可以分为尾部支撑首部工作和首尾交替支撑工作两大类。

① 尾部支撑首部工作的多节式机器人具有固定的支撑基座或可等效为固定基座的移动平台，尾部与基座连接，首部用来检测、抓持、越障等，一般不具备攀爬能力。机器人的控制、电源、驱动系统多安装于尾部平台，机器人手臂质量小，可以依靠地面或高空固定平台供电设备直接供电。该类机器人多用于近距离作业或基于移动平台的移动作业，机器人本身不具备首尾切换互为支撑端作业能力，因此整机攀爬和越障能力差。典型的有 Perrot Yann 等设计的核工业操作长臂机器人[1,2]、Alon Wolf 等设计的救援机器人系统[3]、Zun Wu 等设计的隧道检测机器人系统[4] 等。

② 首尾交替支撑工作的多节式机器人的首尾两端可交替作为支撑端进行移动、攀爬、巡检、越障作业，该类机器人一般采用蠕动式越障方式。机器人的控制、电源及驱动系统均安装于机器人手臂本体上。该类机器人可用于代替工人实现远程架空移动、越障、攀爬、检测、简单维护等任务。典型的有 Yisheng Guan 等设计的双足式攀爬机器人[5-7]、Mahmoud Tavakoli 等设计的工业管路检测机器人[8] 及本章提出的多节式架空线移动攀爬机器人等。

首尾交替支撑工作的多节式攀爬机器人具备较强的攀爬移动能力，与尾部支撑首部工作的结构相比具有更强的环境适应能力和更好的灵活性。根据结构的不同，首尾交替支撑工作的多节式攀爬机器人的越障过程又可分为首尾夹持式越障和多点夹持式越障两大类。

（2）多节式架空线攀爬机器人的研究现状

目前，架空线移动环境是多节式攀爬机器人的主要目标应用场景之一。1989 年，日本 NTT 公司的 Shin-ichi Aoshima 等提出了一种具有转向越障功能的六臂多节式架空线移动机器人结构[9]。该结构原理上可用于电话线路或输电线路的巡检，由 6 个具有升降臂和行走轮的单元串联组成，单元间由水平转动关节连接，越障时各个手臂按顺序越过障碍。六臂多节式攀爬机器人的越障过程如图 3.1 所示。机器人采用行进式越障方案，两手臂在线距离无法改变，越障能力受限，且未考虑侧向越障时的重力平衡问题。

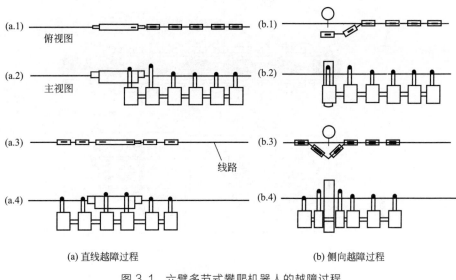

图 3.1　六臂多节式攀爬机器人的越障过程

1990 年，日本法政大学的 Hideo Nakamura 等研制出了列车电缆巡检机器人（图 3.2）[10]。该机器人采用多节分体式结构和"头部决策、尾部跟随"的蛇形运动模式，沿电缆的平稳爬行速度可达 0.1m/s。机器人除第一个和最后一个关节外，每个关节都有两个驱动电动机，一个用来进行机器人的行进驱动，另一个用来调节机器人每个关节之间的角度。该机器人采用磁锁系统，具有自我保护功能。当遇到障碍物时，小车上的电磁铁通电，打开磁锁，驱动电动机同时改变两侧的关节角，使其能够越过障碍。

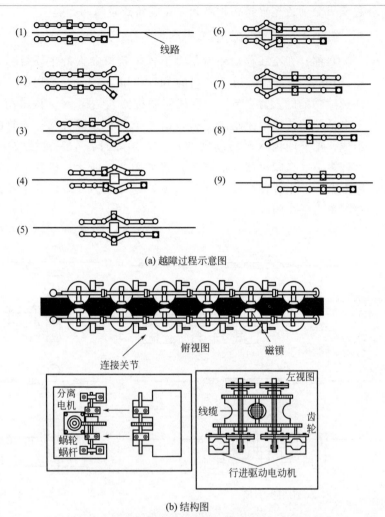

(a) 越障过程示意图

(b) 结构图

图 3.2　列车电缆巡检机器人

架空线环境可能存在多种障碍,如输电线路需安装多种电力金具,同时存在多种俯仰转角及水平转角,机器人必须具备跨越典型障碍和适应线路角度的能力。多节式攀爬机器人能很好地解决越障及在线转向问题,同时不存在单手臂挂线越障情况,越障过程稳定。但同时面临结构相对复杂、机器人本体质量较大、控制相对复杂等问题,使多单元多节式巡检机器人构型一直未得到充分重视,以上提及的两款机器人后续也未见进一步的科研及应用报道。如何对多节式攀爬机器人进行结构优化研究设计,发挥其重力平衡和转向越障优势,简化结构、规划越障流程、对机器人本体进行轻量化设计，成为多节式架空线攀爬机器人研究所面临的主要问题。

3.1.2 越障机理

仅有首尾两个夹持点的多节式攀爬机器人多采用首尾夹持式越障，该类机器人越障时要求夹持点必须是固定的，环境如电力杆塔、立式管路、墙壁、树干等，原因是单个夹持点固定时，另一个夹持点需要伸出工作，夹持点附近会产生较大力矩。当夹持点浮动时，会影响机器人末端的位姿精度，甚至难以精准确定末端位姿。以竖直向上攀爬为例，首尾夹持式机器人的攀爬步态如图 3.3 所示。仿尺蠖步态即上侧夹持机构夹紧，机器人向上收缩，随后下侧夹持机构夹紧，上侧夹持机构松开伸出，如图 3.3(a) 所示；回转爬升步态即上侧夹持机构夹紧，下侧夹持机构松开后离开夹持物，上侧回转关节回转后夹持机构夹紧，完成爬升，如图 3.3(b) 所示。

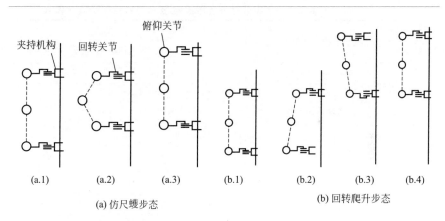

(a.1)　　(a.2)　　(a.3)　　(b.1)　　(b.2)　　(b.3)　　(b.4)

(a) 仿尺蠖步态　　　　　　　　　　　(b) 回转爬升步态

图 3.3　首尾夹持式机器人的攀爬步态

包含多个夹持机构的多节式攀爬机器人多采用多点夹持式越障，该类机器人一般可以在刚度较低的障碍环境中完成攀爬越障任务。以五夹爪多节式攀爬机器人在架空线移动环境中蠕动行进为例，其越障原理俯视图如图 3.4 所示。

多夹爪多节式攀爬机器人越障时，其夹持机构具有多种在线模式，为保持其在柔性线路上的稳定性，要求至少有两个夹持机构夹紧架空线路。多夹爪多节式攀爬机器人夹持机构的夹线模式如表 3.1 所示。

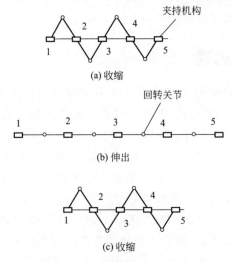

(a) 收缩

(b) 伸出

(c) 收缩

图 3.4　五夹爪多节式攀爬机器人越障原理俯视图

表 3.1　多夹爪多节式攀爬机器人夹持机构的夹线模式

夹线夹持机构数量	夹线模式（□ 夹紧线路，▨ 松开线路）
五夹持机构夹线	（1 种模式）
四夹持机构夹线	（5 种模式）
三夹持机构夹线	（10 种模式）
两夹持机构夹线	（10 种模式）

3.1.3　多节式攀爬机器人构型优化

架空线路移动攀爬机器人的机械结构是完成越障任务的载体和基本

框架，机械结构的先天不足直接导致部分机器人移动越障能力受限，具有无法转向、稳定性差等缺点。机器人需具备根据线路障碍的不同调整自身姿态及步态的能力，以便在越障过程中获得较高的通过性能及稳定性能。具体构型设计要求如下。

① 要求机器人能够在无障碍线路档段内快速行进，遇到障碍时能够在线路上保持静止状态。无障碍移动机构可以分为轮式移动机构和腿式移动机构两类。轮式移动机构的驱动方式简单、行走速度快；而腿式移动机构在无障碍档段行走的稳定性差、速度慢。本章主要介绍采用主流的手臂悬挂于输电线路的设计，手臂末端装有轮爪复合机构。无障碍行进时采用行走轮驱动方式行进，以获得较高的行进速度；在线路上静止时，夹爪夹紧输电线路。机器人在行进及越障等所有工作过程中，手臂均保持竖直状态。

② 要求机器人能够适应多种障碍环境，遇到障碍时手臂能够抬升、下降、前后移动、水平旋转来跨越障碍。本章提出一种基于平行四边形机构的机器人单元，根据不同的障碍环境，可用该单元机构与机器人手臂组成多种构型，完成架空线移动越障任务。

下面给出两种新型多节式攀爬机器人构型设计方案，如图3.5所示，重点讨论四单元三臂构型和八单元五臂构型的结构设计和越障问题。

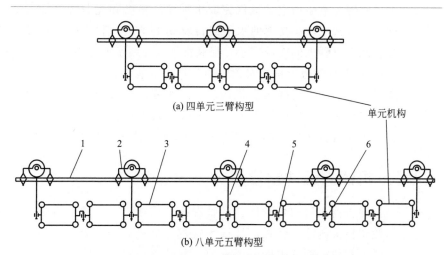

(a) 四单元三臂构型

(b) 八单元五臂构型

图3.5　两种新型多节式攀爬机器人构型设计方案

1—输电线路；2—轮爪复合机构；3—单元机构；4—手臂；5—回转关节；6—复合回转关节

以每个平行四边形机构为一个单元，机器人由多个单元机构和手臂串联组成，手臂上端安装有由行走轮和夹持机构组成的轮爪复合机构，单元机构和手臂用复合回转关节连接，保证手臂前后平行四边形机构及手臂能够独立自由转动；各单元机构间由回转关节连接；位于最前侧和最后侧的两个手臂与相邻的平行四边形机构用回转关节连接；每个平行四边形机构的杆件采用铰接形式。

在各应用机构中，平行四边形机构都起到保证输出姿态的作用。平行四边形机构的设计概念早期被普遍应用于空间并联机构中，如 Delta 机器人使用了首尾相连的空间四杆机构。受 Delta 机器人的启发，1993 年平行四边形机构被首次应用于星形机器人的设计中。之后平行四边形机构被广泛应用于各类机器人机构中。将平行四边形机构应用于本书机器人中作为单元机构具有以下优点。

① 平行四边形机构既能保证输出杆件上的点运动轨迹为圆弧形轨迹，又能保证输出杆件与固定杆件始终保持相同的姿态角。在挂线手臂处于竖直状态时，其他各手臂均处于竖直状态，易保证机器人各手臂均处于竖直状态的要求。在进行机器人运动学分析时，越障执行手臂末端姿态与挂线固定手臂末端姿态相同，只计算手臂末端位置变量即可，简化了运动学分析计算及后续重力平衡分析过程。

② 当挂线固定手臂处于竖直状态时，平行四边形机构即可保证机器人水平回转关节的回转轴在机器人的任何位姿下均处于竖直状态，这样水平回转关节驱动电动机仅完成水平偏转角度和克服静摩擦的驱动任务即可。可选用较小功率的水平回转驱动电动机，利于减轻机器人整体质量、减小机器人的能源需求、提高机器人在线续航能力。

③ 平行四边形机构对角驱动时具有低能耗特性。当采用电动推缸或柔索对角驱动平行四边形机构、通过改变对角线长度来控制其俯仰运动时，对角驱动部件的输出拉力与负载等效至机构上的扭矩无相关性。与传统单元机构相比，利用该特性可明显降低悬臂式机器人工作能耗。

3.1.4　机器人运动学模型

在机器人机构参数已知的情况下，当给出各个关节运动变量时，需讨论机器人越障手臂在已抓线手臂基坐标系中的位置及姿态，求解出运动学方程位姿矩阵中的各元素值，判断该位置是否位于障碍另一侧及手臂姿态能否满足抓线需求。该问题即机器人的正向运动学求解问题。在求解正向运动学问题前，首先需建立机器人的运动学模型。1955 年，J. Denavit 和 R. S. Hartenberg 首次提出用齐次矩阵描述连杆间的关系，后来被人们简称为 D-H 方法。1972 年，Paul 首次将 D-H 方法应用于机器人运动学计算中，从此该方法在机器人学中得到了广泛的应用。以三臂四单元机器人构型为例，可将机器人机构原理图由图 3.6(a) 简化成图 3.6(b)。图 3.6 中，a 表示手臂与四边形机构的距离；l_2 表示四边形机构的长度；b 表示四边形机构与水平回转关节轴心的距离。

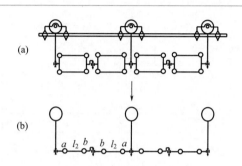

图 3.6 三臂四单元机器人机构原理图的简化

以机器人左侧手臂为固定抓线手臂，遵循右手定则，建立机器人 D-H 坐标系，如图 3.7 所示。由于设计的机器人是由平行四边形机构串联组成的，各手臂实时处于平行姿态，在已知左侧手臂固定为姿态后，末端越障手臂姿态便已固定，只需求出末端位置变量即可完成运动学求解。由于重力作用，机器人越障过程中抓线手臂可实时处于竖直状态，为简化运算过程，可将图 3.7 中的基坐标系由左侧手臂的 (x_{00},y_{00},z_{00}) 等效至 (x_0,y_0,z_0) 处，将 $(x_{012},y_{012},z_{012})$ 等效至 (x_{12},y_{12},z_{12}) 处。

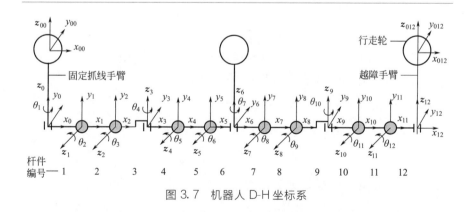

图 3.7 机器人 D-H 坐标系

为区别两种串联机构的参数，用 θ_i 表示其关节变量，其中 $i=1,2,3,\cdots,n$；l_i 表示两关节轴线间的最短距离，即两轴线间公垂线的长度；

α_i 表示杆件 i 的转角，即两端关节轴线沿杆长刚性投影到一个平面上的夹角；d_i 表示关节 i 的平移量，即通过该关节连接的两个杆件长度在其轴线上相差的距离。四单元三手臂串联机构的 D-H 参数如表 3.2 所示。由平行四边形机构的特殊性知，图 3.7 中机器人的关节变量 $\theta_3 = -\theta_2$，$\theta_6 = -\theta_5$，$\theta_9 = -\theta_8$，$\theta_{12} = -\theta_{11}$。

表 3.2　四单元三手臂串联机构的 D-H 参数

杆件编号	l_i	α_i	d_i	θ_i	关节变量
1	a	90°	0	θ_1	θ_1
2	l_2	0	0	θ_2	θ_2
3	b	−90°	0	$\theta_3(-\theta_2)$	θ_3
4	b	90°	0	θ_4	θ_4
5	l_2	0	0	θ_5	θ_5
6	a	−90°	0	$\theta_6(-\theta_5)$	θ_6
7	a	90°	0	θ_7	θ_7
8	l_2	0	0	θ_8	θ_8
9	b	−90°	0	$\theta_9(-\theta_8)$	θ_9
10	b	90°	0	θ_{10}	θ_{10}
11	l_2	0	0	θ_{11}	θ_{11}
12	a	−90°	0	$\theta_{12}(-\theta_{11})$	θ_{12}

用 M_{01}，M_{12}，$\cdots$，$M_{(n-1)n}$ 表示相邻杆件的位姿矩阵。根据齐次变换的运算规律，相邻杆件之间的位姿矩阵为

$$M_{(i-1)i} = \begin{bmatrix} c\theta_i & -s\theta_i c\alpha_i & s\theta_i s\alpha_i & l_i c\theta_i \\ s\theta_i & c\theta_i c\alpha_i & -c\theta_i s\alpha_i & l_i s\theta_i \\ 0 & s\alpha_i & c\alpha_i & d_i \\ 0 & 0 & 0 & 1 \end{bmatrix} \tag{3.1}$$

式中，$c\theta_i = \cos\theta_i$，$s\theta_i = \sin\theta_i$，其余依此类推。

可得出运动学方程为

$$M_{012} = M_{01} M_{12} \cdots M_{1011} M_{1112} = \begin{bmatrix} n_x & o_x & a_x & p_x \\ n_y & o_y & a_y & p_y \\ n_z & o_z & a_z & p_z \\ 0 & 0 & 0 & 1 \end{bmatrix} \tag{3.2}$$

式中，表示机器人末端姿态变量的前三行三列矩阵如下：

$$\begin{bmatrix} n_x & o_x & a_{2x} \\ n_y & o_y & a_{2y} \\ n_z & o_z & a_{2z} \end{bmatrix} = \begin{bmatrix} c_{147(10)} & -s_{147(10)} & 0 \\ s_{147(10)} & c_{147(10)} & 0 \\ 0 & 0 & 1 \end{bmatrix} \tag{3.3}$$

式中，$c_{ij}=\cos(\theta_i+\theta_j)$，$s_{ij}=\sin(\theta_i+\theta_j)$，$c_{ijk}=\cos(\theta_i+\theta_j+\theta_k)$，$s_{ijk}=\sin(\theta_i+\theta_j+\theta_k)$，依此类推。$c_{i-j}=\cos(\theta_i-\theta_j)$，$s_{i-j}=\sin(\theta_i-\theta_j)$，$c_{i-j-k}=\cos(\theta_i-\theta_j-\theta_k)$，$s_{i-j-k}=\sin(\theta_i-\theta_j-\theta_k)$，依此类推。$c_{ij(ij)}=\cos(\theta_i+\theta_j+\theta_{ij})$，$s_{ij(ij)}=\sin(\theta_i+\theta_j+\theta_{ij})$，依此类推。

式(3.2)中表示机器人末端手臂位置的变量 p_x、p_y、p_z 如下：

$$p_{2x}=l_2(c_{147(10)-2(11)}+c_{145}+c_{14-5}+c_{1478}+c_{12}+c_{1-2}+c_{147-8}+c_{147(10)(11)})/2+(a+b)(c_1+c_{14}+c_{147}+c_{147(10)})$$

$$p_{2y}=l_2(s_{147(10)-(11)}+s_{145}+s_{14-5}+s_{1478}+s_{12}+s_{1-2}+s_{147-8}+s_{147(10)(11)})/2+(a+b)(s_1+s_{14}+s_{147}+s_{147(10)})$$

$$p_{2z}=l_2 s_{258(11)}$$

$$(3.4)$$

3.2 机器人结构设计

机器人的本体机械结构作为机器人越障和检测设备的载体，从根本上决定了机器人攀爬及越障能力，因此机器人结构设计尤为重要。

3.2.1 单元驱动方案分析

机器人俯仰方向的运动由基于平行四边形机构的单元机构提供，平行四边形机构的驱动方案可以归纳为四种，如图3.8所示。

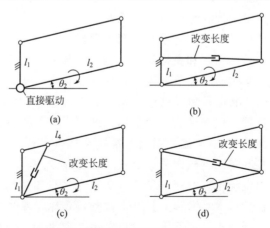

图3.8 平行四边形机构的驱动方案

在忽略重力且杆件材料及长度相同的条件下，细长杆件为二力杆且承受拉力时机械性能最佳，承受压力时次之；而细长杆件为非二力杆且承受弯矩时变形最大，机械性能最差。图 3.8(a) 所示驱动方案广泛应用于工业机器人等领域，用电动机直接驱动两铰接杆件回转，驱动方式简单，安装方便，但要求电动机能够输出大转矩，l_2 为非二力杆件，对 l_2 的刚度要求高，需要采用较大质量和体积的构件。图 3.8(b)、(c) 所示驱动方案应用于一些新型的机器人中，通过改变平行四边形机构一个顶点与其杆件上一点距离的驱动方式来实现俯仰运动，机构中同样会出现非二力杆件，需要采用较大质量和体积的构件。图 3.8(d) 所示的驱动方案，通过改变平行四边形机构的对角线长度实现俯仰运动。图 3.8(d) 中包括对角线在内的所有杆件均可等效为二力杆，运动过程中杆件受一对平衡力（受拉或受压），不承受弯矩，可以改善机构整体受力状态，在同等条件下可选用较小质量和体积的杆件，满足输电线路巡检机器人的轻质化需求。与电动机直接驱动方案相比，对角驱动方案可以使机构各杆件均等效为二力杆，仅承受杆件方向的拉力或压力，受力状态好，同等刚度、材料条件下机器人可以设计得更轻。

3.2.2　单元结构设计

下面给出基于电动推缸刚性驱动、双电动机柔索对角驱动和单电动机柔索对角驱动三种单元机构对角驱动方案的具体结构。

(1) 电动推缸刚性驱动俯仰单元结构

基于电动推缸刚性驱动单元的三臂四单元攀爬机器人的结构简图如图 3.9 所示，每两个串联平行四边形机构的前后有手臂 6 和安装在手臂上端、由行走轮 3 和夹持机构 2 构成的轮爪复合机构，手臂与单元机构间用复合水平旋转关节 9 连接，保证手臂前后平行四边形机构及手臂能够独立自由转动；单元机构内的平行四边形机构相互间用水平回转旋转关节 8 连接；位于最前侧和最后侧两个手臂与相邻的平行四边形机构用手臂回转关节 10 连接；用电动推缸 4 连接平行四边形机构的两个顶点，整机模型和单元机构如图 3.10 所示。机器人越障过程中，电动推缸提供动力，由电动推缸的伸长和缩短来改变平行四边形机构的姿态，确定行走轮的位置。水平回转关节用于调整行走轮水平方向的姿态，行走轮的上线、下线及机器人整体机构在水平方向平衡，使机器人能够成功绕开障碍物。

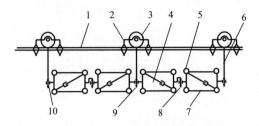

图 3.9　基于电动推缸刚性驱动单元的三臂四单元攀爬机器人的结构简图
1—输电线路；2—夹持机构；3—行走轮；4—电动推缸；5—平行四边形
机构铰接关节；6—手臂；7—平行四边形单元机构；8—水平回转关节；
9—复合水平旋转关节；10—手臂回转关节

(a) 整机模型　　　　　　　　　(b) 单元机构

图 3.10　用电动推缸连接平行四边形机构两个顶点的整机模型和单元机构

　　为减小电动推缸的输出拉力，设计机器人时拟采用电动推缸与弹簧并联的结构形式。通过弹簧伸长时产生的拉力来减小电动推缸所需提供的拉力，从而减小电动推缸的输出功率，简化电动推缸的选型，节约电能及空间，使机器人在输电线路上能够持续运行更长时间。

（2）双电动机柔索对角驱动俯仰单元结构

　　基于双电动机柔索对角驱动单元的三臂四单元攀爬机器人的结构简图如图 3.11 所示，两个平行四边形单元机构串联且对称布置。其单元机构的具体结构如图 3.12(b) 所示，两个柔索驱动电动机 1 同时安装在平行四边形机构机架 2 的一侧，滚筒 3、大齿轮 4 与平行四边形机构的轴 5 键连接，滚筒 3 由大齿轮 4 驱动，大齿轮 4 通过齿轮传动机构由柔索驱动电动机 1 驱动。柔索 6 和柔索 8 交叉布置，柔索 6 的一端与滚筒连接，另一端与挂环 7 连接；柔索 8 绕过安装在挂环 10 上的小齿轮 9 后，两端分别与上面两个滚筒 3 连接。这种对称交叉设计可以防止柔索出现干涉现象，柔索 8 受力均匀。挂环 7 和挂环 10 分别与平行四边形机构的上下两短轴 11 铰接。

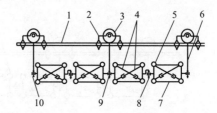

图 3.11　基于双电动机柔索对角驱动单元的三臂四单元攀爬机器人的结构简图
1—输电线路；2—夹持机构；3—行走轮；4—驱动柔索；5—平行四边形机构铰接关节；
6—手臂；7—双电动机柔索驱动单元机构；8—水平回转关节；
9—复合水平旋转关节；10—手臂回转关节

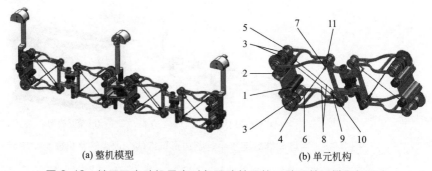

(a) 整机模型　　　　　　　　(b) 单元机构

图 3.12　基于双电动机柔索对角驱动单元的三臂四单元攀爬机器人
的整机模型和单元机构
1—柔索驱动电动机；2—机架；3—滚筒；4—大齿轮；
5—轴；6, 8—柔索；7, 10—挂环；9—小齿轮；11—短轴

（3）单电动机柔索对角驱动俯仰单元结构

攀爬移动机器人需具备低功耗、轻质、驱动电动机少的特点。架空线移动攀爬机器人具有远程携带电源的作业需求，相比固定于地面的机器人，轻质节能对输电线路巡检机器人具有更大的实际意义。进行机器人的低功耗、轻质设计，减少驱动电动机数量，可以方便机器人运输、初始上线，降低机器人自带电源的能量输出，提高机器人的续航能力，简化控制系统设计。

双电动机柔索对角驱动平行四边形机构虽然可以减小驱动元件电动推缸质量、增大单元机构的俯仰角度范围，但每个平行四边形机构需采用两个电动机驱动以完成机器人支撑端的切换。巡检机器人由多个单元机构串联组成，若采用双电动机驱动方式，则驱动电动机过多，导致机器人质量大、控制系统复杂。为减少电动机数量，提出一种新型的单电

动机柔索对角驱动平行四边形机构的巡检机器人单元结构。单电动机柔索对角驱动方案如图 3.13 所示。

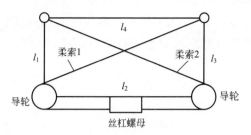

图 3.13 单电动机柔索对角驱动方案

单电动机柔索对角驱动单元的机构模型如图 3.14 所示。

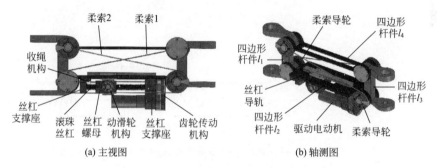

(a) 主视图　　　　　　　　(b) 轴测图

图 3.14 单电动机柔索对角驱动单元的机构模型

平行四边形机构的各杆件铰接。丝杠传动机构装于四边形杆件 l_2 上，柔索 1 和柔索 2 分别与上侧导轮固定连接，绕过柔索导轮后再绕过装于丝杠螺母上的动滑轮机构，最后柔索 2 与装于丝杠支撑座上的收绳机构固定连接，柔索 1 与装于丝杠支撑座上的收绳机构固定连接。电动机通过齿轮传动机构驱动丝杠旋转，带动丝杠螺母前后移动，改变四边形机构的对角线长度，实现机构的俯仰运动。动滑轮的设计可以缩短丝杠螺母行程，收绳机构的设计可以防止柔索产生悬垂现象。在丝杠行程满足需求且柔索悬垂现象不明显时，可不安装动滑轮机构和收绳机构，将柔索直接与丝杠螺母固定连接。

单电动机柔索对角驱动单元机构中的收绳机构如图 3.15 所示。收绳机构分别安装在丝杠支撑座上且与柔索固定连接，防止平行四边形机构变形时，由于平行四边形机构对角线之和的变化所产生的辅助柔索悬垂现象。如图 3.15(a) 所示，柔索穿过机构外壳与滑块固定连接，外壳内部有凹槽，凹槽作为滑块的滑道，使滑块可以在机构内滑动；同时滑块与弹簧固定连接，弹簧通过固定销固定连接于端板上。当与收绳机构连接的柔索为机器人驱动柔索时，弹簧伸长至滑块与外壳前端接触，如图 3.15(b) 所示；当与收绳机构连接的柔索为辅助悬垂柔索时，弹簧收缩使辅助柔索被拉直而不产生悬垂干涉现象，如图 3.15(c) 所示。

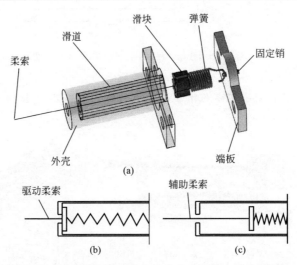

图 3.15　单电动机柔索对角驱动单元机构中的收绳机构

基于单电动机柔索对角驱动单元的攀爬机器人结构简图和整机结构分别如图 3.16、图 3.17 所示。

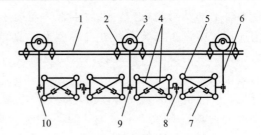

图 3.16　基于单电动机柔索对角驱动单元的攀爬机器人结构简图
1—输电线路；2—夹持机构；3—行走轮；4—驱动柔索；5—平行四边形机
构铰接关节；6—手臂；7—单电动机柔索驱动单元机构；8—水平回转
关节；9—复合水平回转关节；10—手臂回转关节

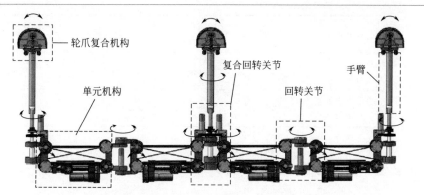

图 3.17 基于单电动机柔索对角驱动单元的攀爬机器人整机结构

（4）单元结构对比分析

上述三种攀爬机器人的单元构型在电动机数量、控制系统复杂程度、刚度特性、机器人机构质量和工作空间方面的对比如表 3.3 所示。方案一采用电动推缸刚性驱动平行四边形机构，每个四边形机构由 1 个电动机驱动，控制方式简单，电动推缸为刚性元件，机器人竖直方向刚度大，但电动推缸质量过大，且现有的电动推缸技术无法满足本书中机构的推程需求，机构工作空间小，同时电动推缸与弹簧并联的结构设计方式在电动推缸输出拉力时可以减小输出，但在电动推缸输出推力时并联弹簧起反作用，故该方案更适合单端固定、不需要机器人切换支撑端的串联式机器人应用。方案二采用双电动机柔索对角驱动平行四边形机构，用轻质的柔索代替电动推缸，可以明显减小机器人质量。双电动机柔索对角驱动攀爬机器人的整机电动机数量比电动推缸刚性驱动机器人的电动机数量多 $2n$ 个（n 为机器人单元机构数量），导致控制系统复杂，机器人整体质量偏大，虽然通过调整柔索驱动电动机输出力矩可调整单元竖直方向刚度，但由于其控制复杂及质量相对较大，因此实用性差。单电动机柔索对角驱动攀爬机器人兼具前两类机器人的优点，电动机数量少，单电动机驱动平行四边形机构的控制相对简单，柔索为柔性元件，行走轮落线时为柔性接触，电动机数量少且质量偏小，故具有较强的实用性。

表 3.3　三种攀爬机器人单元构型对比

方案	电动机数量	控制系统复杂程度	刚度特性	机器人质量	工作空间
电动推缸刚性驱动	少	简单	刚性机构,不可调	大	小

续表

方案	电动机数量	控制系统复杂程度	刚度特性	机器人质量	工作空间
双电动机柔索对角驱动	多	复杂	柔性机构,可调	大	大
单电动机柔索对角驱动	少	简单	柔性机构,不可调	小	大

3.2.3 其他关键结构设计

(1) 回转关节设计

下面介绍方案三的水平回转关节设计,单元间的水平回转关节设计如图 3.18 所示。

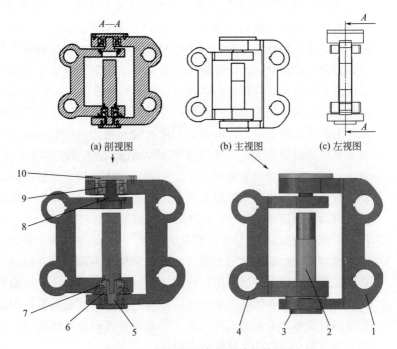

(a) 剖视图   (b) 主视图   (c) 左视图

图 3.18 单元间的水平回转关节设计

1,4—竖直杆件;2—驱动电动机;3—下端盖;5,8—半轴;

6—透盖;7—轴;9—角接触球轴承;10—上端盖

回转关节两侧的平行四边形机构两竖直杆件设计如图 3.18 中 1、4 所示,采用 U 形结构交叉布置。安装时将驱动电动机 2 由竖直杆件 4 上孔装入，并通过螺钉与下孔固定连接，下孔装入轴 7 及透盖 6，透盖 6 与杆件通过螺钉连接。将两竖直杆件 1、4 按孔对齐后，由竖直杆件 1 下孔插入与驱动电动机 2 轴通过楔平面连接的下侧半轴 5，半轴 5 的下端有花键齿与下端盖 3 的内花键齿啮合，半轴 5 的下平面与下端盖 3 的内凹面贴合，实现下端竖直方向定位，下端盖 3 与竖直杆件 1 通过螺钉连接。上侧半轴 8 由竖直杆件 1 上侧孔装入，并通过螺钉与竖直杆件 2 固定连接，半轴 8 设计为阶梯轴，角接触球轴承 9 与半轴 8 连接，上端盖 10 压紧角接触轴承 9，通过螺钉与竖直杆件 1 固定连接，实现上端的竖直方向定位。竖直杆件 1 固定时，电动机旋转带动竖直杆件 4 及电动机自身旋转；竖直杆件 4 固定时，电动机带动竖直杆件 1 旋转。

　　机器人两端回转关节如图 3.19 所示。四边形机构竖直杆件 8 的设计如图所示，杆件上侧可以安装电动机 L 形支架 5，驱动电动机 2 安装在支架 5 上，电动机输出轴与齿轮 6 固定连接，齿轮 6 与齿轮 4 啮合，齿轮 4 与轴 7 键连接，轴 7 与手臂 1 通过法兰 3 连接。手臂固定时，电动机轴旋转，带动平行四边形机构及电动机自身绕手臂旋转。平行四边形机构固定时，电动机旋转，通过齿轮传动驱动手臂旋转。

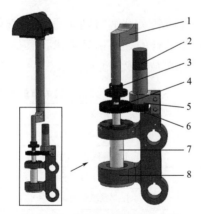

图 3.19　机器人两端回转关节

1—手臂；2—驱动电动机；3—法兰；4,6—齿轮；5—支架；7—轴；8—竖直杆件

　　机器人复合回转关节如图 3.20 所示。平行四边形机构两竖直杆件 5、7 按图 3.20 中所示方式布置，类似于图 3.18 中的布置方式，区别在于未采用半轴而采用一根通轴 6 连接，两竖直杆件 5、7 与轴 6 均具有自由水平回转能力，采用角接触球轴承连接。电动机驱动方式与图 3.18 中类似，两驱动电动机 2、12 分别通过电动机支架 3、8 与竖直杆件 5、7 固

定连接，大齿轮与通轴 6 键连接，通轴 6 通过法兰 11 与手臂 1 连接。两驱动电动机 2、12 分别通过传动齿轮 4、9 与大齿轮 10 啮合。

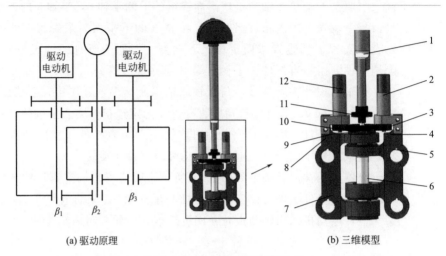

(a) 驱动原理　　　　　　　　　　　(b) 三维模型

图 3.20　机器人复合回转关节

1—手臂；2,12—驱动电动机；3,8—机架；4,9—传动齿轮；

5,7—竖直杆件；6—通轴；10—大齿轮；11—法兰

机器人复合回转关节通过两个电动机偶合转动实现左侧单元机构、右侧单元机构及手臂的独立回转需求，具体驱动方式如表 3.4 所示。该机构能够满足机器人越障的运动需求。

表 3.4　复合回转关节的驱动方式

初始条件	运动要求/(°)	β_1/(°)	β_2/(°)	β_3/(°)
左侧单元固定	右侧单元机构回转 x	0	0	x
	右侧单元机构回转 x，手臂回转 y	$-y$	y	$x-y$
手臂固定	仅左侧手臂回转 x	x	0	0
	仅左侧手臂回转 x	0	0	x
	左右单元分别回转 x	0	0	x
右侧单元固定	仅左侧单元机构回转 x	x	0	0
	左侧单元回转 x，手臂回转 y	$x-y$	y	$-y$
两单元机构固定	手臂回转 y	$-y$	y	$-y$

(2) 轮爪复合机构设计

巡检机器人在高压线路无障碍档段行进可分为手臂交替抓线的蠕动式行进和轮式行进两种。蠕动式行进速度慢、能耗大、实用性差；轮式

行进控制简单、能耗低、速度快，但行走、爬坡时易出现打滑现象，需要夹持机构有效地夹紧线路。遇到障碍时机器人需要能够固定在线路上，保证其越障时挂线手臂与线路固定。野外作业时，会遇到飓风、雷雨等恶劣天气状况，工作人员无法及时回收机器人，需要夹持机构保证其在线锁紧不脱落。基于以上任务需求，巡检机器人手臂末端需装有一种带有行走轮和夹持机构的轮爪复合机构。

不同的机器人结构形式，对轮爪复合机构的数量需求不同。双臂式机器人两只手臂交替越障时，每只手臂都有夹持线路的需求，手臂末端均需装有轮爪复合机构。三臂式机器人根据越障方式的不同，可在三只手臂末端均安装轮爪复合机构，直线行进时可令三只手臂同时在线或其中两只手臂在线直线行进，同时可在其中两只手臂上安装轮爪复合机构，另一只手臂末端仅安装夹持机构。无障碍行进时，装有轮爪复合机构的两只手臂在线行进，越障时无行走轮手臂作为夹持辅助机构完成越障任务。多臂式机器人至少在两只手臂上安装行走轮式机构以满足其直线行进需求。

由以上分析知，输电线路巡检机器人手臂末端的夹持机构为必要机构，行走轮式机构可以根据其结构、越障方式及障碍环境，至少安装在两只手臂上。行走轮式机构越多，可提供行进牵引力越大，机器人爬坡能力越强。但轮爪复合机构相比单一的夹持机构具有结构及控制方式复杂、驱动电动机多的不足。

本书设计的机器人工作时手臂始终处于竖直状态，爬坡过程中相对于高压线的姿态会发生变化，不仅要求夹爪能够提供夹紧力，而且要求其能适应线路角度的变化，保证夹爪相对于线路的姿态不变。目前的设计是将行走轮、夹爪、手臂做成一体的复合轮爪结构，设计的重点和难点在于：①夹爪能适应机器人姿态变化；②机构具有夹持和行走的能力。

轮爪复合机构安装于手臂末端，其三视图如图3.21所示，图中1为复合机构的上盖；2为复合机构基座，与手臂3固定连接；4、5分别为夹爪驱动电动机和行走轮驱动电动机，安装于复合机构基座2上。

(a) 轮爪复合机构主视图　　(b) 轮爪复合机构左视图

图 3.21

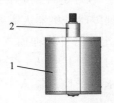
(c) 轮爪复合机构俯视图

(d) 轮爪复合机构上盖

图 3.21　轮爪复合机构三视图
1—上盖；2—基座；3—手臂；4—夹爪驱动电动机；5—行走轮驱动电动机

轮爪复合机构如图 3.22 所示。

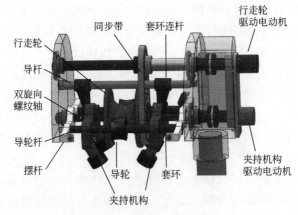
(a) 轮爪复合机构的三维模型

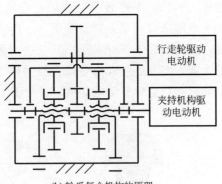
(b) 轮爪复合机构的原理

图 3.22　轮爪复合机构

为更清晰地说明轮爪复合机构的内部结构及工作原理，将复合机构上盖隐藏后，其三维模型如图 3.22(a) 所示。行走轮驱动电动机通过同步带驱动行走轮，行走轮与双旋向螺纹轴铰接且具有轴向定位，行走轮回转带动巡检机器人行进。双旋向螺纹轴与套环螺纹连接，行走轮两侧螺纹轴旋向相反，夹持机构与套环铰接，套环与套环连杆固定连接，套环连杆与导杆圆柱副连接。夹持机构驱动电动机带动螺纹轴旋转，通过套环带动夹持机构前进和后退，从而实现机构夹持和松开动作。夹持机构与导轮杆圆柱副连接，导轮杆通过摆杆与双旋向螺纹轴铰接，使夹持机构能够适应线路角度。

复合机构上盖作为夹爪角度自适应机构与摆杆固定连接，导轮杆与两摆杆固定连接，两摆杆分别与两小压轮铰接，小压轮实时与输电线路接触。当输电线路与机器人手臂不垂直时，机构外盖自适应线路角度，带动导轨、夹爪与线路保持垂直，此时手臂依然处于竖直状态。复位弹簧与上盖固定连接，使机器人手臂抬升脱离线路时轮爪复合机构能够由线路俯仰角度状态恢复至水平状态，从而更好地适应下一次落线时的线路角度。夹持机构上装有滚轮，两夹持机构夹紧时滚轮与线路贴合，通过增大输电线路与行走轮之间的摩擦力防止其移动，当行走轮电动机驱动行走轮回转时，轮爪复合机构仍具备夹持行走能力。

本书设计的轮爪复合机构仅用两根主轴便实现了夹爪与行走轮的独立运动，驱动轴少，具备角度自适应能力，满足输电线路巡检机器人行走和越障的要求，具有很好的应用前景。

基于以上机器人单元结构及回转关节设计内容，建立基于单电动机柔索驱动单元的三臂式四单元多节式攀爬机器人实验样机，如图 3.23 所示。

图 3.23　基于单电动机柔索驱动单元的三臂式四单元多节式攀爬机器人实验样机

3.3　越障过程规划与控制

3.3.1　单元机构支撑端切换流程规划

由平行四边形机构特性可知，当俯仰角度为 0°时，机构两对角线距离之和最大。

采用电动推缸刚性驱动单元机构，单元始终保持刚性状态，不需要额外控制其切换支撑端。当采用两个电动机分别控制两根柔索驱动时，可通过两电动机的输出力矩控制其支撑端切换，如图 3.24 所示。

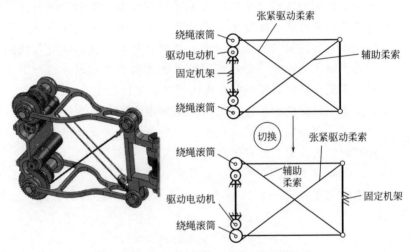

图 3.24　平行四边形机构支撑端切换方式

当要求平行四边形机构左侧杆件支撑时，机构上侧驱动电动机作为主动驱动电动机，采用位置控制的方式控制图中张紧驱动柔索，由于重力作用，平行四边形机构会随张紧驱动柔索的长度变化而变化。此时辅助电动机采用力控制，防止辅助柔索出现悬垂现象，并控制平行四边形机构的刚度。当需要切换固定端时，只需切换两个电动机的驱动方式，切换过程简单。

当采用单电动机柔索对角驱动单元机构进行俯仰运动且机构俯仰角度不为 0°时，机构中主动柔索拉直控制单元俯仰角度，与丝杠螺母固定连接的另一根柔索会出现悬垂现象。本节重点分析驱动电动机少的单电动机柔索驱动单元机构的支撑端切换方法及流程。

（1）丝杠螺母位置与俯仰角度的关系

首先建立丝杠螺母位置与俯仰角度的关系模型，如图 3.25 所示。

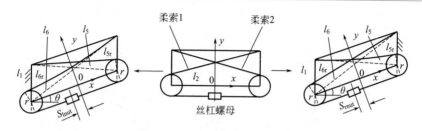

图 3.25　丝杠螺母位置与俯仰角度的关系模型

机构左侧杆件或右侧杆件为支撑端时，均以 l_2 左侧铰点所在水平面与 l_2 所成角度定义俯仰角度 θ，逆时针为正。定义笛卡儿坐标系 x-y，坐标原点位于 l_2 中点，x 轴始终位于杆件 l_2 上。左侧杆件为支撑端，柔索 2 为主动控制柔索，柔索 1 出现悬垂现象，俯仰角为 θ 时，可得丝杠螺母横坐标 $S_{\mathrm{lnut}(\theta)}$ 与俯仰角度的关系：

$$S_{\mathrm{lnut}(\theta)} = k[l_{5r(\theta)} - l_{5r(0)} + r(\theta_{25(\theta)} - \theta_{25(0)} - \theta_{15(\theta)} + \theta_{15(0)} - \theta)]$$

$$(3.5)$$

式中，k 为常数（当丝杠螺母上装有动滑轮时 $k = 0.5$，无动滑轮时 $k = 1$）；$l_{5r(\theta)}$ 为机构俯仰角度为 θ 时 l_{5r} 的值；$l_{5r(0)}$ 为机构俯仰角度 $\theta = 0°$ 时 l_{5r} 的值；$\theta_{25(\theta)}$ 为俯仰角度为 θ 时 θ_{25} 的角度值；$\theta_{25(0)}$ 为俯仰角度 $\theta = 0°$ 时 θ_{25} 的角度值。后续均采用该种表示方法。

同时可得相同机构姿态下，右侧杆件为支撑端，柔索 1 为主动控制柔索，柔索 2 出现悬垂现象，机构俯仰角度为 θ 时，丝杠螺母横坐标 $S_{\mathrm{rnut}(\theta)}$ 与俯仰角度关系为

$$S_{\mathrm{rnut}(\theta)} = -k[l_{6r(\theta)} - l_{6r(0)} + r(\theta_{26(\theta)} - \theta_{26(0)} - \theta_{16(\theta)} + \theta_{16(0)} + \theta)]$$

$$(3.6)$$

由 $S_l(\theta)$ 在 $\theta = 0°$ 时取最大值，知 $\theta \neq 0°$ 时，$S_{\mathrm{lnut}(\theta)} \neq S_{\mathrm{rnut}(\theta)}$，即俯仰角度相同时，机构左侧杆件支撑时丝杠螺母的位置与右侧杆件支撑时丝杠螺母的位置不同，单元机构无法直接切换其左右两侧杆件作为支撑端。

（2）单元机构预调

由于机械加工、柔索安装、柔索弹性等因素影响，柔索安装后很难

保证 $\theta=0°$ 时机构两根柔索均处于完全拉紧状态，需找出其绳长误差。机构安装后，预调平行四边形机构，令其左端固定，调整俯仰角度使 $\theta=0°$，记录此时丝杠螺母位置为坐标原点，如图 3.26(a) 所示。丝杠锁死，令其右侧杆件为支撑端，可得其俯仰角度为 $\Delta\theta$，如图 3.26(b) 所示。

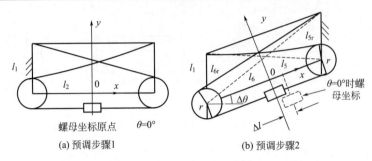

(a) 预调步骤1　　　　　(b) 预调步骤2

图 3.26　机构预调

由运动模型可得丝杠螺母位置误差为

$$\Delta l = k\left[l_{6r(\Delta\theta)} - l_{6r(0)} + r(\theta_{26(\Delta\theta)} - \theta_{26(0)} - \theta_{16(\Delta\theta)} + \theta_{16(0)} + \Delta\theta)\right]$$

$$(3.7)$$

(3) 支撑端切换流程

当单元机构 $\theta \geqslant 0°$，即丝杠螺母移至 $S_{lnut}(\theta)$ [图 3.27(a_2)] 位置时，单元机构右侧手臂抓紧输电线路，机构左右两端均固定，丝杠螺母右移，两柔索均悬垂。由于机构两端手臂均抓紧线路，单元机构姿态不变，如图 3.27(a_3) 所示。之后丝杠螺母右移至 $S_{rnut}(\theta)+\Delta l$ 处，切换支撑端结束，如图 3.27(a_4) 所示。此时右侧杆件为支撑端，可移动螺母改变机构姿态。同理，单元机构 $\theta < 0°$ 时的切换过程如图 3.27(b) 所示。

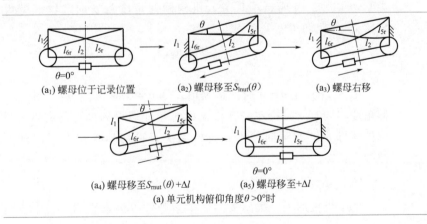

(a_1) 螺母位于记录位置　　(a_2) 螺母移至$S_{lnut}(\theta)$　　(a_3) 螺母右移

(a_4) 螺母移至$S_{rnut}(\theta)+\Delta l$　　(a_5) 螺母移至$+\Delta l$

(a) 单元机构俯仰角度$\theta > 0°$时

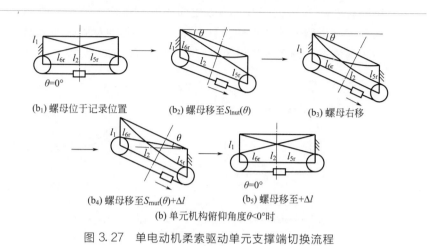

(b₁) 螺母位于记录位置　　　　(b₂) 螺母移至$S_{lnut}(\theta)$　　　　(b₃) 螺母右移

(b₄) 螺母移至$S_{rnut}(\theta)+\Delta l$　　　　(b₅) 螺母移至$+\Delta l$

(b) 单元机构俯仰角度$\theta<0°$时

图 3.27　单电动机柔索驱动单元支撑端切换流程

3.3.2　重力平衡特性

攀爬机器人一般在脱离地面的空中环境作业，尤其是架空线移动攀爬机器人，需要在高空柔性支撑条件下完成攀爬移动越障任务，机器人移动越障时需保持其重力平衡以精确定位越障机构末端位姿。前文介绍的双臂式架空线攀爬移动机器人越障时，需将其重心调整至抓线手臂，越障手臂伸出越障，该单臂挂线过程中由于架空线路刚度较低，机器人易受到自身惯性、野外风速等因素影响，出现舞动等不稳定现象。多节式攀爬机器人可以串接多个夹持单元，在攀爬越障过程中可以保证至少有两个夹持机构抓线，提高了机器人的稳定性及沿架空线路所在方向的纵向重力平衡能力。当多节式攀爬机器人转向越障时，需要调整姿态以保证其侧向的重力平衡，下面主要针对多节式攀爬机器人的侧向重力平衡特性进行论述。

（1）手臂间单元串接构型的重力平衡特性分析

多节式攀爬机器人越障的难点在于转向越障时如何将机器人的质心调整到期望的区域内以保证侧向重力平衡，从而精确地定位机器人手臂位姿并抓线。已有的三臂及多臂架空线移动攀爬机器人两手臂间的结构如图 3.28(a)、(b) 所示，机构的质心位于两手臂间且无法相对于两手臂所在的竖直平面 P 进行侧向运动，机器人的质心调节能力受限。当需要前后两手臂支撑、中间手臂抬升跨越转角障碍时，如图 3.28(c) 所示，机器人两个单元机构质心及需要抬升脱线越障的手臂质心 $M_{手臂}$ 均位于图

中竖直平面 P 的同一侧，导致中间手臂行走轮无法抬升跨越障碍。现有三臂巡检机器人单元机构设计缺陷，导致机器人从原理上便不具备以重力平衡姿态跨越耐张杆塔等具有水平转角障碍的能力。

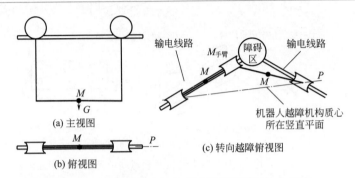

图 3.28　已有机器人相邻手臂间机构及其转向示意

手臂间两个单元机构串联的机器人机构手臂间包含由水平回转关节串联的两个平行四边形机构。手臂间机构三视图如图 3.29 所示。

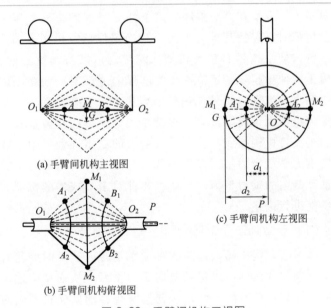

图 3.29　手臂间机构三视图

在两手臂固定且距离小于两个平行四边形长度之和时，中间两平行四边形机构具备侧向偏出并同时绕图中 O_1O_2 轴旋转的运动能力。根据结构特点，若取单元机构的质心分别位于两平行四边形机构中心及两个平行四边形机构的连接处，如图 3.29(a) 中 A、M、B 点所示，则机器人单元机构的质心 A、M、B 相对于两行走轮连线所在竖直平面 P 所成重力矩力臂，即各质心到两行走轮所在竖直平面的距离 d_a、d_m、d_b 取值关系如下：

$$\left.\begin{array}{l} d_a,d_b \leqslant d_1 \\ d_m \leqslant d_2 \end{array}\right\} \tag{3.8}$$

式中，d_1 为单元机构与竖直平面垂直时质心 A、B 到竖直平面的距离；d_2 为单元机构与竖直平面垂直时质心 M 到竖直平面的距离。

式(3.8)说明该机器人的单元机构具有质心自我调节能力。巡检机器人可以通过调整各单元机构中 d_a、d_m、d_b 的值来实时调整机器人整机的质心位置，满足机器人转向越障重力平衡要求。机器人转向越障示意如图 3.30 所示。

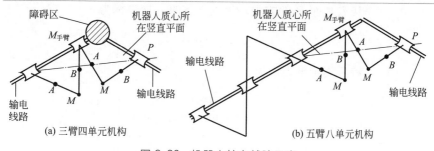

(a) 三臂四单元机构   (b) 五臂八单元机构

图 3.30　机器人转向越障示意

（2）重力平衡条件

保证机器人转向越障侧向重力平衡的基本要求为机器人质心位于期望的竖直平面上，可以表示为

$$M_h = \sum_{i=1}^{n} t_i m_i g d_i = 0 \tag{3.9}$$

式中，M_h 为机器人各质点相对于期望平面的力矩之和；t_i 为第 i 个质点所产生重力矩正负的因子；m_i 为机构第 i 个质点的质量；d_i 为第 i 个质点到期望平面间的水平投影距离；g 为重力加速度。

引入 t_i 的原因是区别位于期望竖直平面两侧的质点所形成重力臂的正负取值。假定已知所要确定期望平衡的竖直平面所在直线的两点为 M (x_1,y_1,z_1)、$N(x_2,y_2,z_2)$，则连接 M 与 N 两点的直线方程可表示为

$$\frac{x-x_1}{x_2-x_1} = \frac{y-y_1}{y_2-y_1} = \frac{z-z_1}{z_2-z_1} \tag{3.10}$$

直线所在竖直方向平面 P 的方程为

$$Ax + By + D = 0 \tag{3.11}$$

式中，$A = -\dfrac{y_1 - y_2}{z_1}$；$B = \dfrac{x_1 - x_2}{z_1}$；$D = -Ax_1 - By_1$。

由点到平面距离公式可求得各质心与平面 P 的距离。根据本书设计的机器人工况，令越障前机器人所在输电线路位于大地坐标系 x-z 平面内，若质点位于该点在平面 P 上的垂足的一侧，则该点必然位于过该点平行于 y 轴方向的直线与该平面交点的同一侧。由该性质可推出质心位于平面 P 前侧还是后侧的判定条件。假设质点 Q 的坐标为 (a, b, c)，与 y 轴平行的向量为 $(0, 1, 0)$，根据点向式可得到过质点且与 y 轴平行的直线方程为

$$\left.\begin{array}{l} x = a \\ z = c \end{array}\right\} \tag{3.12}$$

代入平面 P 的方程，得到交点的 y 向坐标为

$$y_N = y_1 + \frac{A}{B}x_1 - \frac{A}{B}a \tag{3.13}$$

符号因子可表示为

$$\left.\begin{array}{l} t_i = 1, \; y_N - b > 0 \\ t_i = -1, \; y_N - b \leqslant 0 \end{array}\right\} \tag{3.14}$$

3.3.3 越障规划

根据不同的障碍类型，多节式攀爬机器人的越障流程规划可分为直线行进式和伸缩蠕动式两大类。针对超高压输电线路环境，机器人越障模式分类如图 3.31 所示。

① 直线行进式越障。机器人两手臂间单元机构无须侧向偏出，越障手臂抬升或下降至线路下侧后，其他在线手臂行进越障。越障动作少、速度快，无须调节侧向重力平衡，但越障能力有限，行走轮行进时可能与线路上的其他障碍干涉。

② 伸缩蠕动式越障。机器人通过调整两手臂间单元机构姿态完成仿蠕虫蠕动式收缩行进动作，手臂行走轮无须转动，机器人越障能力强，越障时手臂可以根据障碍环境选择夹持点，具备跨越组合障碍和适应转向环境的能力，但越障动作较多、速度慢，需要进行侧向重力平衡的实时调节。

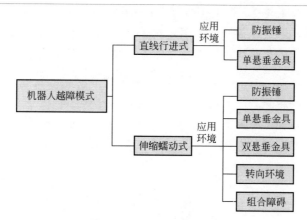

图 3.31　机器人越障模式分类

机器人也可以将以上两种越障模式结合，在蠕动式越障过程中允许行走轮行进的环境下行走轮行进，以提高越障效率。下面将根据具体障碍环境说明机器人越障流程。

（1）三臂四单元构型跨越防振锤等上侧可通过障碍的流程

遇到防振锤等上侧可通过障碍时，机器人直接抬升手臂跨越障碍，如图 3.32 所示。由于防振锤侧向距离小，且机器人手臂具有侧向偏出设计，手臂在线时不会与线路下侧防振锤干涉。

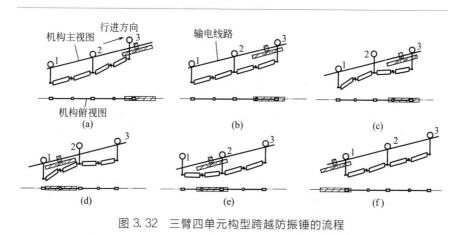

图 3.32　三臂四单元构型跨越防振锤的流程

在线手臂遇到障碍时，手臂 1、手臂 2 夹紧线路，手臂 3 抬升后，行走轮 1、行走轮 2 行进，如图 3.32（a）所示。手臂 3 越障后落线，如图 3.32（b）所示。手臂 3 夹紧线路，行走轮 2 抬升，如图 3.32（c）所示。行走轮1、行走轮3行进，手臂2越障，如图3.32(d) 所示。手臂2落线，手臂1抬升，如图3.32(e) 所示。行走轮2、行走轮3行进，手臂1越障后落线，完成越障任务，如图3.32(f) 所示。

（2）三臂四单元构型跨越悬垂金具等上侧不可通过障碍的流程

跨越悬垂金具的流程与跨越防振锤类似，区别在于脱线手臂越障时需要运动至障碍下侧或左右可通过侧，单元机构支撑端及驱动柔索切换过程与跨越防振锤相同，如图3.33所示。

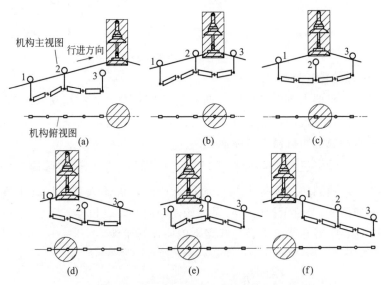

图3.33 三臂四单元构型跨越悬垂金具的流程

（3）三臂四单元构型伸缩蠕动式跨越转向障碍的流程

当机器人遇到转角塔等具有一定水平偏转角度的障碍时，可采用能够实时保证机器人侧向重力平衡的伸缩越障模式跨越障碍，越障流程俯视图如图3.34所示。由输电线路的具体构造知转角处的障碍为下侧可通过式障碍，图中与障碍区重合部分表示可能位于输电线路下侧的部分机器人机构。点画线 P 表示机器人质心所在的竖直平面；不规则三角形区域表示机器人质心所在区域。

根据质心的调整过程，可将该机器人的转向越障分为以下5个阶段。

阶段1： 机器人的质心位于输电线路1所在竖直平面阶段。共4步。

步骤1： 当检测到转角障碍环境时，机器人调整到如图3.34(1-1) 所示的收缩模式，此时机器人的平行四边形机构侧向偏出较少。

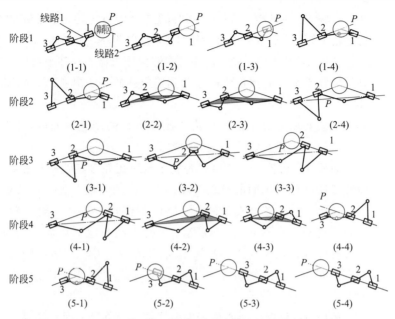

图 3.34　三臂四单元构型伸缩蠕动式跨越转向越障流程俯视图

步骤 2：行走轮 1 下线，与行走轮 2 配合的夹持机构夹紧输电线路，与行走轮 3 配合的夹持机构松开，调整轮 2-轮 3 运动链的姿态，保证机器人侧向重力平衡，如图 3.34(1-2) 所示。

步骤 3：轮 2 夹持机构松开，在线行走轮 2、行走轮 3 行进，使轮 2 靠近障碍区域，如图 3.34(1-3) 所示。

步骤 4：轮 2 夹持机构夹紧输电线路，调整轮 1 的位置及轮 2-轮 3 运动链的姿态，使轮 1 落在输电线路 2 上，如图 3.34(1-4) 所示。

阶段 2：机器人的质心由输电线路 1 所在竖直平面向行走轮 1 与行走轮 3 连线所在竖直平面的过渡阶段。共 1 步。

步骤：在 3 个行走轮同时落线时，如图 3.34(2-1) 所示，轮 2 夹持机构夹紧输电线路，分别调整轮 2-轮 3 运动链及轮 2-轮 1 运动链的姿态。为增加轮 2 在输电线路 2 上的可夹持区域，使轮 1 运动到距离转角障碍较远的位置。该过程中，3 个行走轮均位于输电线路上，因此只需保证机器人质心位于图 3.34(2-2)、(2-3) 中所示的阴影区域的竖直空间内，即可保证机器人质心稳定过渡到图 3.34(2-4) 所示的轮 1 与轮 3 连线所在竖直平面 P 上。

阶段 3：中间手臂越障阶段，即行走轮 2 由输电线路 1 运动到输电线路 2 上。共 2 步。

步骤 1：在机器人质心过渡到行走轮 1 与行走轮 3 连线所在竖直平面后，行走轮 1 与行走轮 3 夹持机构分别夹紧输电线路，如图 3.34(3-1) 所示。

步骤 2：行走轮 2 脱线，并沿能够保证机器人存在平衡位姿运动学逆解且与障碍无干涉的预定轨迹运动到输电线路 2 上并抓线，如图 3.34(3-2)、(3-3) 所示。该步骤需实时调整机器人轮 3-轮 1 运动链的姿态，保证机器人的质心始终位于轮 1 与轮 3 连线所在的竖直平面内，使机器人不发生影响行走轮抓线定位的侧倾现象。

阶段 4：机器人质心由行走轮 1 与行走轮 3 连线所在竖直平面向输电线路 2 所在竖直平面的过渡阶段。该阶段与阶段 2 类似，共 1 步。

步骤：行走轮 2 夹紧输电线路，调整轮 2-轮 3 和轮 2-轮 1 运动链的姿态，使行走轮 3 在输电线路 1 上行进到距离障碍较近的位置。同时，该过程保证机器人的质心在如图 3.34(4-2)、(4-3) 所示的阴影区域所在竖直空间内，最后将机器人质心过渡到输电线路 2 所在的竖直平面内，如图 3.34(4-4) 所示。

阶段 5：机器人质心位于输电线路 2 所在竖直平面阶段。该阶段与阶段 1 类似，共 3 步。

步骤 1：轮 3 下线，此时调整轮 2-轮 1 运动链姿态，保证机器人侧向平衡，如图 3.34(5-2) 所示。

步骤 2：轮 2 夹持机构松开，在线行走轮 2、行走轮 1 行进，远离转角障碍，如图 3.34(5-3) 所示。

步骤 3：轮 3 运动到输电线路 2 上，此时调整轮 2-轮 1 运动链姿态，保证机器人侧向平衡，如图 3.34(5-4) 所示，完成越障任务。

完成以上 5 个阶段后即可转向越障。由以上流程知机器人在越障过程中不存在单臂挂线运动情况，通过侧向偏出的两个平行四边形机构实现侧向重力平衡，可以增强机器人越障过程的稳定性。支撑端及主动柔索切换方法与跨越防振锤及悬垂金具一致。

（4）三臂四单元构型转向越障算法

已知机器人转向越障运动过程中，行走轮运动轨迹由若干条给定工作空间内直线所组成，本算法采用将直线定步长等分的离散方式确定每个离散点满足重力平衡条件的机器人关节角度，以保证机器人越障过程中处于重力平衡状态。根据实际情况，机器人两行走轮抓线时会因摩擦产生一定的对抗机器人侧倾的转矩。本书采用二分逼近算法，当迭代至式(3.15) 所示的条件时，便认为该机器人姿态满足重力平衡要求：

$$|M_h| \leqslant \varepsilon \qquad (3.15)$$

式中，M_h 为对抗机器人侧倾的转矩；ε 为对抗机器人侧倾的摩擦力矩，同时可认为其是二分逼近算法的允许误差界。

图 3.34 中，三臂四单元构型伸缩蠕动式跨越转向越障过程中的阶段 5 与阶段 1 类似，阶段 4 与阶段 2 类似，这里仅给出较复杂的阶段 3 的算法流程，如图 3.35 所示，图中出现的封装模块流程如图 3.36 所示。

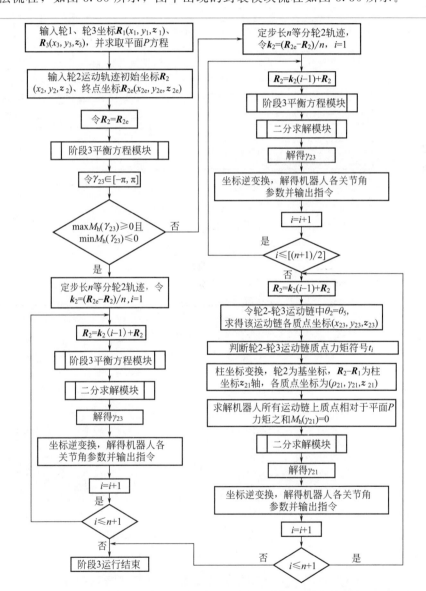

图 3.35　三臂四单元机器人构型伸缩蠕动式跨越转向越障阶段 3 的算法流程

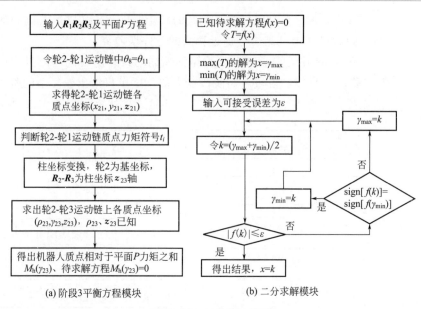

(a) 阶段3平衡方程模块　　　　　　(b) 二分求解模块

图 3.36　封装模块流程

机器人实验样机转向越障过程如图 3.37 所示。

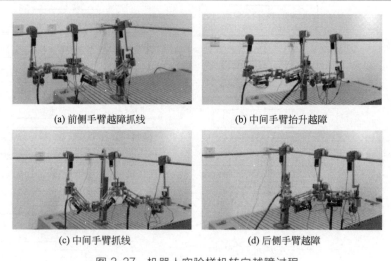

(a) 前侧手臂越障抓线　　　　　　(b) 中间手臂抬升越障

(c) 中间手臂抓线　　　　　　(d) 后侧手臂越障

图 3.37　机器人实验样机转向越障过程

（5）五臂八单元构型跨越上侧可通过障碍的流程

上侧可通过障碍包括防振锤和压接管等线路上侧空间可以供机器人

行走轮越过的障碍类型，本书以典型的防振锤障碍为例来说明，如图 3.38 所示。

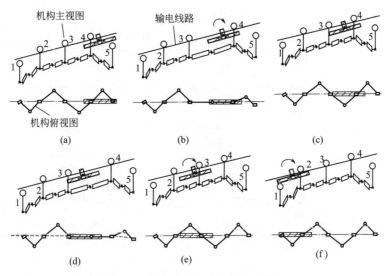

图 3.38　五臂八单元构型跨越防振锤的流程

遇到防振锤等上侧可通过障碍时，机器人直接抬升手臂跨越障碍。如图 3.38(a) 所示，机器人收缩，手臂 1、手臂 5 运动到输电线路下侧并可随时调整相邻单元机构姿态，以保证机器人侧向重力平衡。手臂 4 伸出并从上侧跨越障碍，如图 3.38(b) 所示。手臂 3、手臂 4 间单元机构收缩，如图 3.38(c) 所示。手臂 3、手臂 4 间单元机构伸出，如图 3.38(d) 所示。手臂 3、手臂 4 间单元机构收缩，手臂 3 从上侧跨越障碍，如图 3.38(e) 所示。重复以上蠕动方式，手臂 2 亦可跨越障碍，完成越障任务，如图 3.38(f) 所示。

当线路上防振锤前后有足够运动距离时，图 3.38(b)~(d) 阶段可直接由在线行走轮驱动机器人行进完成，简化机器人越障过程。当障碍尺寸较大或者遇到组合障碍时，可进行多次蠕动，完成图 3.38(b)~(d) 运动任务。当多手臂在线遇到障碍时，可采用相同蠕动方式，每只手臂依次跨越障碍。

(6) 五臂八单元构型跨越上侧不可通过障碍的流程

上侧不可通过障碍包括单悬垂金具、双悬垂金具等线路上侧空间由于金具的悬垂导致机器人行走轮无法由其上侧越过的障碍类型，以典型的单悬垂金具为例来说明，如图 3.39 所示。

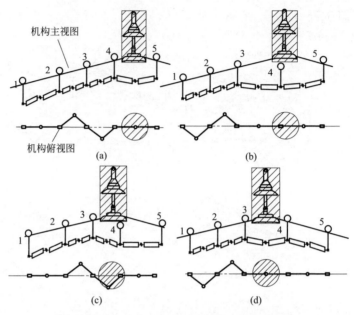

图 3.39　五臂八单元构型跨越单悬金具的流程

　　跨越单悬垂金具，手臂 5 由下侧跨越单悬垂金具后抓线，如图 3.39(a) 所示。手臂 4 无法直接由障碍左侧运动到右侧。此时手臂 3、手臂 4 及手臂 4、手臂 5 间单元机构伸出运动，使手臂 4 位于障碍下侧，如图 3.39(b) 所示。手臂 3、手臂 4 间单元机构收缩，如图 3.39(c) 所示。手臂 3、手臂 4 间单元机构伸出，完成手臂 4 上线。手臂 3、手臂 2 均可采用该方式依次越障。手臂 1 作为平衡手臂可以上线，也可以下线调整机器人侧向平衡。

　　(7) 五臂八单元构型跨越组合障碍的流程

　　以带有俯仰和水平转角的耐张塔障碍组合为例，越障流程如图 3.40 所示。

　　无障碍行进时手臂 2、手臂 3、手臂 4 挂线，遇到防振锤时，手臂 2、手臂 3 在线，手臂 4 伸出跨越防振锤，手臂 1、手臂 5 脱线调整机器人侧向平衡，如图 3.40(a) 所示。手臂 4 抓紧线路，手臂 2、手臂 3 依次蠕动至图 3.40(b) 所示位置。手臂 4、手臂 3、手臂 2 依次向前蠕动至图 3.40(c) 所示位置。手臂 2、手臂 3、手臂 4 抓紧线路，前侧手臂 5 抓紧杆塔横担中点处，如图 3.40(d) 所示。手臂 4 运动至障碍下侧，如图 3.40(e) 所示。手臂 3、手臂 2 依次蠕动至图 3.40(f) 所示位置。手臂 2、手臂 3 抓紧线路,手臂5运动至障碍另一侧并抓紧输电线路,手臂4运动至原手臂5位置,如图 3.40(g) 所示。手臂3、手臂2依次脱线,重复手臂4的运动过程,手臂4下线重复手臂5运动过程,手臂5随着向前蠕动,机器人可运动至图 3.40(h) 所示位置。手臂5、手臂4、手臂3依次向前蠕动,手臂1、手臂2下线完成越障任务,如图 3.40(i) 所示。

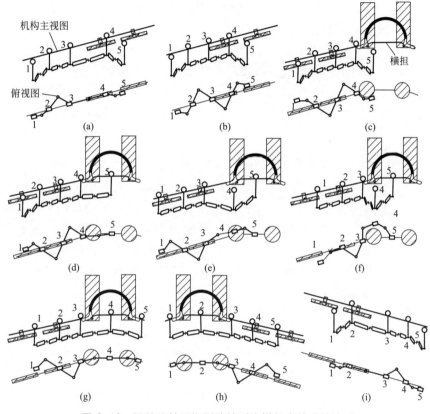

图 3.40　五臂八单元构型跨越耐张塔组合障碍的流程

以上越障过程中侧向重力平衡手臂分别为图 3.40(a)～(g) 中的手臂 1和图 3.40(h)、(i) 中的手臂5。侧向重力平衡手臂在机器人能够满足侧向平衡条件时,也可以落在输电线路上。

多节式攀爬机器人具备跨越架空线上单个障碍及障碍组合的能力。机器人在越障过程中至少有两只手臂挂线,不存在单臂挂线及单臂行进过程。同时至少有 1 只手臂及单元机构可以作为机器人的自平衡机构,满足机器人手臂脱线侧向偏出越障过程中的重力平衡需求,机器人能够跨越带有水平转角的障碍。

当五臂式结构手臂 1、手臂 5 均下线时，中间手臂越障，手臂 1、手臂 5 可以作为重力自平衡机构，通过调整机器人手臂 1-手臂 2 间运动链和手臂 4-手臂 5 间运动链的姿态，使其满足式(3.15)，便可保证机器人重力平衡。由五臂式机器人构型知

$$|\max M_{h(2-4)}| \leqslant |\max M_{h(1-2)}| + |\max M_{h(4-5)}| \qquad (3.16)$$

式中，$M_{h(i-j)}$ 表示中间手臂越障过程手臂 i-手臂 j 间运动链相对于盼望平面 P 的重力矩之和。

由于手臂 1-手臂 2 运动链和手臂 4-手臂 5 运动链均属于开环运动链，可以通过调整水平转角任意改变其重力矩正负因子 t_i 的取值，得出如下结论：

$$\forall M_{h(2-4)}, \exists \begin{bmatrix} M_{h(1-2)} & M_{h(4-5)} \end{bmatrix} \text{s. t. } M_{h(2-4)} + M_{h(1-2)} + M_{h(4-5)} = 0$$

$$(3.17)$$

(8) 多节式攀爬机器人越障能力分析

由以上分析可知，本书提出的三臂式多节攀爬机器人机构具备转向越障的能力，在一定几何工作环境条件下，利用给出的算法流程，中间手臂在其工作空间内存在满足侧向重力平衡的越障路径，使其在重力平衡条件下完成越障任务。但其中间手臂在重力平衡约束下的工作空间受限，无法在其工作空间内沿任意路径转向越障，无法适应所有转向线路的障碍环境。

五臂式多节攀爬移动机器人具备转向越障时的重力平衡能力。遇到转向障碍环境时，机器人的越障手臂可以在其工作空间内，以任意路径和任意姿态跨越障碍，相比三臂式构型具有更强的避障能力，能够适应相对复杂的转向障碍环境。五臂八单元构型能够完全满足多单元串联式机器人的重力自平衡需求，不需要通过增加串联单元来实现其重力自平衡功能。

参考文献

[1] Perrot Y, Gargiulo L, Houry M, et al. Long-reach articulated robots for inspection and mini-invasive interventions in hazardous environments: recent ro-

botics research, qualification testing, and tool developments [J]. Journal of Field Robotics, 2012, 29(1): 175-185.

[2] Perrot Y, Gargiulo L, Houry M, et al. Long reach articulated robots for inspection in hazardous environments, recent developments on robotics and embedded diagnostics [C]. 1st International Conference on Applied Robotics for the power Industry. Delta Centre-Ville Montreal, Canada, 2010: 65-70.

[3] Alon W, Howard H C, Benjamin H, et al. Design and control of a mobile hyper-redundant urban search and rescue robot[J]. Advanced Robot, 2005, 19(3): 221-248.

[4] Zun W, Baoyuan W, Zengfu W. Kinematic and dynamic analysis of a In-Vessel inspection robot system for EAST[J]. Journal of fusion energy, 2015, 34: 1203-1209.

[5] Yisheng G, Haifei Z, Wenqiang W, et al. A modular biped wall-climbing robot with high mobility and manipulating function [J]. IEEE/ASME Transactions on mechatron-ics, 2013, 18(6): 1787-1798.

[6] Jiang L, Yisheng G, Jiansheng W, et al. Energy-optimal motion planning for a pole-climbing robot[J]. Robot, 2017, 39 (1): 16-22.

[7] Jiang L, Yisheng G, Chuanwu C, et al. Gait analysis of a novel biomimetic climbing robots[J]. Journal of Mechanical Engineering, 2010, 46(15): 17-22.

[8] Mahmoud T, Lino M, Anibal T, et al. Development of an industrial pipeline inspection robot[C]. Industrial Robot: An International Journal, 2010, 37 (3): 309-322.

[9] Xinjun L, Jie L, Yanhua Z. Kinematic optimal design of a 2-degree-of freedom 3-parallelogram planar parallel manipulator[J]. Mechanism and Machine Theory, 2015, 87: 1-17.

[10] Dewei Y, Zuren F, Xiaodong R, et al. A novel power line inspection robot with dual-parallelogram architecture and its vibration suppression control [J]. Advanced Robotics, 2014, 28 (12): 807-819.

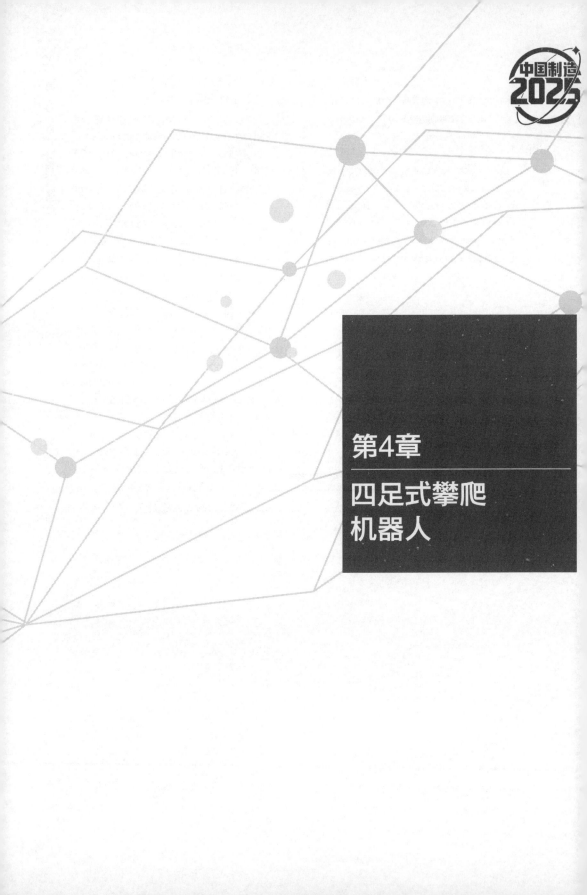

第4章

四足式攀爬
机器人

4.1　四足式攀爬机器人的组成及工作原理

4.1.1　攀爬机器人的研究现状

　　攀爬机器人是特种机器人领域范围内的一个重要研究分支，同时是当前机器人研究领域的一大热点。在过去几年里，已经研制出很多仿生类机器人，比较典型的有仿蛇机器人、仿壁虎爬壁机器人、仿人型机器人等，这些机器人主要从外形结构和功能上对生物进行模仿。攀爬机器人的设计也是从一些爬树动物（如树懒、大猩猩等）的运动方式得到启发。把地面上机器人移动技术与吸附技术有机结合起来，使攀爬机器人能够在垂直壁面上吸附运动，而且可携带工具进行作业。攀爬机器人技术已经越来越成熟，攀爬机器人正在向高集成化、自动化、智能化、模块化的方向发展[1]。

　　常见的足式攀爬机器人有 2～8 足，吸附方式有在机器人的足端装配真空吸盘、机械夹持机构、磁吸附装置或者采用仿生吸附。足式机器人具有多自由度，可以在攀爬表面灵活变向和跨越障碍。一般来说，足的数量越多，机器人的吸附稳定性越强，携带负载的能力也越高；但是足式机器人控制复杂、移动速度较慢。

　　真空吸盘是一种常见的吸附方式，利用真空负压原理使机器人可以吸附在相对光滑的物体表面。其优势在于适用范围广泛，对吸附面的材料没有过多要求，可以吸附在墙面、玻璃、水泥等光滑物体表面。

　　磁吸附分为永磁吸附和电磁吸附，磁吸附具有吸附力大和对壁面凹凸适应性强的特点，但是只能吸附在铁磁质材料物体表面。

　　机械夹持机构可以应用于在复杂的三维环境下完成任务的攀爬机器人上，如梁、柱、管道甚至树木等。机械夹持方式具有夹持稳定的特点，但是通用性能较差，对于特定的结构要设计专门的夹持机构。

　　仿生吸附方式是通过对动植物的运动机理和功能结构进行仿生研究，将其应用到开发新材料、新技术的领域，例如仿生蛇形机器人是利用了动物的运动机理，而黏附方式的仿生吸附则是利用了动物的功能结构。

国内外对攀爬机器人的研究也取得了一定的成果,下面按照攀爬抓紧方式的不同进行简单介绍。

(1) 真空吸盘

RAMR1 是一种具有 4 个自由度的双足爬壁机器人[2],其足端装有吸盘,利用真空吸附的方式吸附在墙壁表面,如图 4.1 所示。它采用了一种欠驱动的结构,髋关节和一个踝关节偶合转动有助于减轻质量和节省空间,可以实现用 3 个电动机驱动 4 个关节。机器人的整体尺寸为 45mm×45mm×248mm,质量为 335g。

图 4.1　RAMR1 双足爬壁机器人

(2) 机械抓取机构

华南理工大学利用模块化设计思想提出了一种仿生攀爬机器人,如图 4.2 所示[3]。该机器人由 5 个关节模块相互串联而成。分别有 3 个摆转关节模块安装在机器人中间,2 个回转关节模块分别布置在机器人两侧,且其轴线垂直于摆转关节,2 个足端夹持器分别布置在机器人的首末两端,构成双手爪式攀爬移动机器人。其最大夹持力为 300N,质量为 2.2kg。

(3) 磁吸附

REST 则是一种六足攀爬机器人[4],每个足具有 3 个自由度,具有移动、越障和转向功能。其足端安装有电磁吸附装置,用以吸附在铁磁质墙壁表面,如图 4.3 所示。由于机器人利用了大功率的吸附装置,所以其整体的结构尺寸较大,质量为 250kg。这种机器人可以携带较大的负载,具有较强的越障能力;但是行动较缓慢、控制复杂。

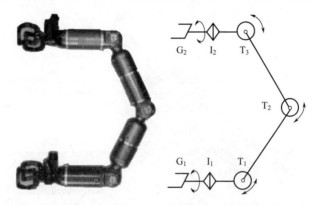

图 4.2　华南理工大学设计的仿生攀爬机器人模型及其机构简图

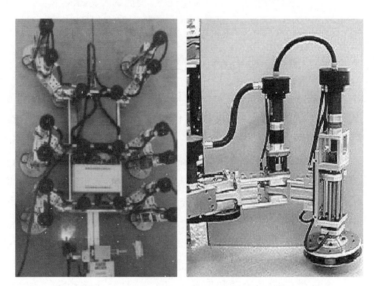

图 4.3　REST 六足电磁吸附攀爬机器人

（4）仿生吸附

仿生吸附是近年来攀爬机器人研究的新方向。比较典型的例子是斯坦福大学设计的 Sticky 壁虎攀爬机器人[5]，如图 4.4 所示。研究者设计了形状类似于壁虎爪子的微毛结构，该机构充分利用范德瓦尔斯力干粘连机制，使所设计壁虎机器人能吸附到干、湿、光滑、粗糙等多种表面。与磁吸附方式类似，利用干粘连机制使机器人吸附在物体表面可不额外提供能量，由运动机构驱动机器人攀爬。

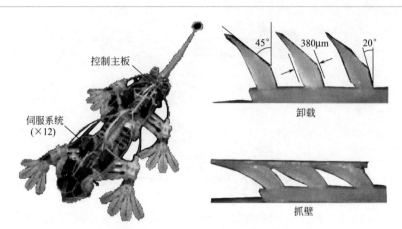

图 4.4　Sticky 壁虎攀爬机器人

4.1.2　四足式攀爬机器人的运动原理

根据国内外攀爬机器人的研究进程来看，机器人本身的自由度数正从早些时期的单一自由度向 3 自由度、5 自由度甚至更多的自由度发展，这会使机器人的工作能力更强、更出色，满足三维空间中的攀爬运动。

本章设计的四足式攀爬机器人采用三杆四足机器人的结构原理[6]，其结构简图如图 4.5 所示。四足式攀爬机器人左右完全对称，机器人由相互串联的 3 个杆件、2 个双轴复合转动关节、2 个三轴复合转动关节、4 个行走足以及 4 个足端执行器组成。双轴复合转动关节位于机器人的两端，由端俯仰关节 1 和端足自转关节 2 组成，当两端行走足处于自由状态时，能够实现两端足的自转运动和俯仰运动；当两端足固定不动时，能够实现相连 2 个杆件的俯仰运动和偏转运动。三轴复合转动关节位于串联的 2 个杆件之间，起到连接 2 个杆件的作用，由中偏转关节 4、中俯仰关节 5 和中手自转关节 6 组成，能够实现两端杆件的俯仰运动和偏转运动以及中间行走足的自转。每个行走足 8 均与足端抓取执行器机构连接，可以根据攀爬环境的不同选择合适的抓取执行器。3 个杆件的长度分别为 l_1、l_2、l_3，四足的长度均为 h，足转动关节距离机器人主体的距离为 c。

攀爬机器人主体共具有 10 个转动自由度，其中，每个双轴复合转动关节具有 2 个转动自由度，每个三轴复合转动关节具有 3 个转动自由度。根据行走环境的不同对四足机器人进行具体的结构设计，不同环境的结构将在 4.2 节进行详细的介绍。

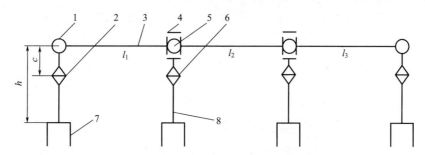

图 4.5　四足式攀爬机器人结构简图

1—端俯仰关节；2—端足自转关节；3—主体杆件；4—中偏转关节；5—中俯仰关节；
6—中手自转关节；7—足端抓取执行器；8—行走足

4.1.3　四足式攀爬机器人运动学模型的建立

　　机器人的运动学问题是机器人动力学和控制问题研究的基础[7]。通过对机器人的运动学进行分析，研究机器人的运动规律，从而确定在实现一定的运动过程中机器人各构件之间位置、速度、加速度的关系[8]。运动学是机构动力学和轨迹规划问题的基础，分析的结果直接关系到后期机器人实物的运动控制。关于机器人运动学的分析，目前主要从正逆运动学进行相关研究。正运动学的研究也称为机器人运动学正解，通过D-H参数法建立各连杆的参数模型来描述机器人的运动学特性，通过连杆间的运动学关系，可以准确地描述机器人末端执行器的运动状态和工作空间[9]。逆运动学解决的问题就是根据末端执行器的位姿，通过对各连杆之间的关系进行反解，求解出为了实现这一运动状态所需各关节的关节变量值，用于机器人实物的控制上。

　　D-H参数法是一种用连杆参数描述机构运动学关系的规则方法。假设机器人由一系列关节和连杆组成，这些关节和连杆可能是线性移动或转动的。而机器人的每个连杆都可以用 4 个运动学参数来描述，其中 2 个参数用于描述连杆本身，另外 2 个参数用于描述连杆之间的连接关系。

　　建立 D-H 坐标系有标准坐标系方法和改进坐标系方法，标准的 D-H 坐标系法是将连杆的坐标系建立在该连杆的输出端（即下一个关节）；改进 D-H 坐标系法是将连杆的坐标系建立在该连杆的输入端（即上一个关节）。本书采用标准的 D-H 坐标系法进行建立 D-H 坐标系。在坐标变换的过程中所用的 4 个变换参数定义如下。

　　① 杆长 a_i：杆件 i 的长度是指两轴线之间公垂线的长度，坐标系中

是指沿 x_i 轴从 z_{i-1} 轴移动到 z_i 的距离。

② 转角 α_i：杆件 i 的转角是指两轴线杆长方向投影面的夹角，坐标系中指绕 x_i 轴从 z_{i-1} 轴旋转到 z_i 的角度，规定从 x_i 轴方向观察逆时针为正。

③ 平移量 d_i：平移量 d_i 是指两关节沿轴线方向的距离，坐标系中是指沿 z_{i-1} 轴从 x_{i-1} 移动到 x_i 的距离，规定正方向与 z_{i-1} 正方向一致。

④ 回转角 θ_i：杆件 i 的旋转角是指两杆件在杆轴线方向投影面的夹角，坐标系中是指绕 z_{i-1} 轴从 x_{i-1} 旋转到 x_i 的角度，规定从 z_{i-1} 轴方向观察逆时针为正。

本书提出的四足式攀爬机器人具有 4 个足端夹持器。为了使后续运动学分析计算更简洁方便，在机器人的 4 个足端夹持器上根据足端编号分别建立 4 个坐标系，这 4 个坐标系在不同攀爬特征情况下，根据需要既可以起到机器人的固定基座作用，也可以起到机器人的末端夹持器作用，其余关节上的坐标系根据常规的建立方法从上至下依次建立在各个关节上。

以左边的末端执行器为固定端建立 D-H 坐标系，如图 4.6 所示。假设中间 2 个末端执行器的位姿与其三轴复合转动关节的 3 个自由度均相关（若中间 2 个执行器分别与杆 1 和杆 3 相连接，其姿态与三轴复合转动关节的 2 个自由度相关；若中间 2 个执行器均与杆 2 相连接，其姿态与三轴复合转动关节的三个自由度相关）。当以其他末端执行器为固定端时与此类似。四足式攀爬机器人 4 个末端执行器坐标分别为 O_{01}、O_{02}、O_{03}、O_{04} 坐标系，由于左边末端执行器为固定端，所以 O_{01} 坐标系可以看作大地坐标系，因此 O_{01} 坐标系与 O_0 坐标系之间不存在关节，只是固定坐标系的不同位置，它们之间的关节角度可以看作始终为 0。最终 D-H 参数如表 4.1 所示。

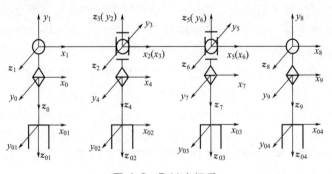

图 4.6　D-H 坐标系

表 4.1　D-H 参数

序号	相邻坐标系编号(a,b)	$\theta_i/(°)$	d_i/mm	a_i/mm	$\alpha_i/(°)$	关节变量
1	(01,0)	0	$c-h$	0	0	0
2	(0,1)	θ_1	$-c$	0	-90	θ_1
3	(1,2)	θ_2	0	l_1	0	θ_2
4	(2,3)	θ_3	0	0	-90	θ_3
5	(3,4)	θ_4	$-c$	0	180	θ_4
6	(4,02)	θ_5	$h-c$	0	0	θ_5
7	(3,5)	θ_4	0	l_2	0	θ_4
8	(5,6)	θ_6	0	0	90	θ_6
9	(6,7)	θ_7	0	0	90	θ_7
10	(7,03)	θ_8	$h-c$	0	0	θ_8
11	(6,8)	θ_7	0	l_3	0	θ_7
12	(8,9)	θ_9	0	0	90	θ_9
13	(9,04)	θ_{10}	$h-c$	0	0	θ_{10}

相邻杆件由坐标系 $\{O_{i-1}\}$ 到坐标系 $\{O_i\}$ 的变换关系可按照两次旋转[10]、两次移动的方式得到。

① 绕 z_{i-1} 轴旋转 θ_i 角，使得 x_{i-1} 轴与 x_i 轴同向。

② 沿 z_{i-1} 轴平移一段距离 d_i，使得 x_{i-1} 与 x_i 轴在同一条直线上。

③ 沿 x_i 轴平移距离 a_i，使得坐标系 $\{O_{i-1}\}$ 的坐标原点与到坐标系 $\{O_i\}$ 的坐标原点重合。

④ 绕 x_i 轴旋转 α_i 角，使得 z_{i-1} 轴与 z_i 轴在同一条直线上。

上述变换每次都是相对于动坐标系进行的，所以经过 4 次变换的齐次变换矩阵为

$$\boldsymbol{T}_i^{i-1} = \text{Rot}(z,\theta_i)\,\text{Trans}(0,0,d_i)\,\text{Trans}(a_i,0,0)\,\text{Rot}(x,\alpha_i)$$

$$\boldsymbol{T}_i^{i-1} = \begin{bmatrix} \cos\theta_i & -\sin\theta_i & 0 & 0 \\ \sin\theta_i & \cos\theta_i & 0 & 0 \\ 0 & 0 & 1 & 0 \\ 0 & 0 & 0 & 1 \end{bmatrix} \begin{bmatrix} 1 & 0 & 0 & a_i \\ 0 & 1 & 0 & 0 \\ 0 & 0 & 1 & d_i \\ 0 & 0 & 0 & 1 \end{bmatrix} \begin{bmatrix} 1 & 0 & 0 & 0 \\ 0 & \cos\alpha_i & -\sin\alpha_i & 0 \\ 0 & \sin\alpha_i & \cos\alpha_i & 0 \\ 0 & 0 & 0 & 1 \end{bmatrix}$$

$$= \begin{bmatrix} \cos\theta_i & -\sin\theta_i\cos\alpha_i & \sin\theta_i\sin\alpha_i & a_i\cos\theta_i \\ \sin\theta_i & \cos\theta_i\cos\alpha_i & -\cos\theta_i\sin\alpha_i & a_i\sin\theta_i \\ 0 & \sin\alpha_i & \cos\alpha_i & d_i \\ 0 & 0 & 0 & 1 \end{bmatrix} \quad (4.1)$$

第 i 坐标相对于基坐标的齐次变换矩阵为

$$T_i^0 = T_1^0 T_2^1 T_3^2 \cdots T_i^{i-1} \qquad (4.2)$$

将 D-H 参数表中的具体数值代入到式(4.1) 中，可得

$$T_0^{01} = \begin{bmatrix} 1 & 0 & 0 & 0 \\ 0 & 1 & 0 & 0 \\ 0 & 0 & 1 & c-h \\ 0 & 0 & 0 & 1 \end{bmatrix}; T_1^0 = \begin{bmatrix} \cos\theta_1 & 0 & -\sin\theta_1 & 0 \\ \sin\theta_1 & 0 & -\cos\theta_1 & 0 \\ 0 & -1 & 0 & -c \\ 0 & 0 & 0 & 1 \end{bmatrix}$$

$$T_2^1 = \begin{bmatrix} \cos\theta_2 & -\sin\theta_2 & 0 & l_1\cos\theta_2 \\ \sin\theta_2 & \cos\theta_2 & 0 & l_1\sin\theta_2 \\ 0 & 0 & 1 & 0 \\ 0 & 0 & 0 & 1 \end{bmatrix}; T_3^2 = \begin{bmatrix} \cos\theta_3 & 0 & -\sin\theta_3 & 0 \\ \sin\theta_3 & 0 & \cos\theta_3 & 0 \\ 0 & -1 & 0 & 0 \\ 0 & 0 & 0 & 1 \end{bmatrix}$$

$$T_4^3 = \begin{bmatrix} \cos\theta_4 & \sin\theta_4 & 0 & 0 \\ \sin\theta_4 & -\cos\theta_4 & 0 & 0 \\ 0 & 0 & -1 & -c \\ 0 & 0 & 0 & 1 \end{bmatrix}; T_{02}^4 = \begin{bmatrix} \cos\theta_5 & -\sin\theta_5 & 0 & 0 \\ \sin\theta_5 & \cos\theta_5 & 0 & 0 \\ 0 & 0 & 1 & h-c \\ 0 & 0 & 0 & 1 \end{bmatrix}$$

$$T_5^3 = \begin{bmatrix} \cos\theta_4 & -\sin\theta_4 & 0 & l_2\cos\theta_4 \\ \sin\theta_4 & \cos\theta_4 & 0 & l_2\sin\theta_4 \\ 0 & 0 & 1 & 0 \\ 0 & 0 & 0 & 1 \end{bmatrix}; T_6^5 = \begin{bmatrix} \cos\theta_6 & 0 & \sin\theta_6 & 0 \\ \sin\theta_6 & 0 & -\cos\theta_6 & 0 \\ 0 & 1 & 0 & 0 \\ 0 & 0 & 0 & 1 \end{bmatrix}$$

$$T_7^6 = \begin{bmatrix} \cos\theta_7 & 0 & \sin\theta_7 & 0 \\ \sin\theta_7 & 0 & -\cos\theta_7 & 0 \\ 0 & 1 & 0 & 0 \\ 0 & 0 & 0 & 1 \end{bmatrix}; T_{03}^7 = \begin{bmatrix} \cos\theta_8 & -\sin\theta_8 & 0 & 0 \\ \sin\theta_8 & \cos\theta_8 & 0 & 0 \\ 0 & 0 & 1 & h-c \\ 0 & 0 & 0 & 1 \end{bmatrix}$$

$$T_8^6 = \begin{bmatrix} \cos\theta_7 & -\sin\theta_7 & 0 & l_3\cos\theta_7 \\ \sin\theta_7 & \cos\theta_7 & 0 & l_3\sin\theta_7 \\ 0 & 0 & 1 & 0 \\ 0 & 0 & 0 & 1 \end{bmatrix}; T_9^8 = \begin{bmatrix} \cos\theta_9 & 0 & \sin\theta_9 & 0 \\ \sin\theta_9 & 0 & -\cos\theta_9 & 0 \\ 0 & 1 & 0 & 0 \\ 0 & 0 & 0 & 1 \end{bmatrix}$$

$$T_{04}^9 = \begin{bmatrix} \cos\theta_{10} & -\sin\theta_{10} & 0 & 0 \\ \sin\theta_{10} & \cos\theta_{10} & 0 & 0 \\ 0 & 0 & 1 & h-c \\ 0 & 0 & 0 & 1 \end{bmatrix}$$

各个连杆变换矩阵相乘之后即可得到末端执行器的正运动学方程。

建立的 D-H 坐标系为以坐标系 O_{01} 所在执行器为固定端，由此可以得出另外 3 个末端执行器坐标相对坐标系 O_{01} 的变换矩阵为

$$T_{02}^{01} = T_0^{01} T_1^0 T_2^1 T_3^2 T_4^3 T_{02}^4$$

$$T_{03}^{01} = T_0^{01} T_1^0 T_2^1 T_3^2 T_5^3 T_6^5 T_7^6 T_{03}^7$$

$$T_{04}^{01} = T_0^{01} T_1^0 T_2^1 T_3^2 T_5^3 T_6^5 T_8^6 T_9^8 T_{04}^9$$

4.2 四足式攀爬机器人攀爬动作规划及结构设计

四足式攀爬机器人的动作规划至关重要，动作规划的过程即机器人在不同环境中的运动过程。本书提出的三杆四足攀爬机器人能够实现俯仰、偏转、回转多轴联动，机构适应能力很强，不仅能够在高压输电铁塔环境下工作，还可以通过改变夹持器模块的手爪类型在壁面和架空线路环境中工作。

四足式攀爬机器人是以关节模块化的结构设计为基础，每一种关节模块的设计理念及布置形式都会影响机器人的综合性能。因此，研究设计新型关节模块是我们的首要工作。本书提出的攀爬机器人有两种转动关节模块：双轴复合转动关节模块和三轴复合转动关节模块。双轴复合转动关节具有 2 个转动自由度，三轴复合转动关节具有 3 个转动自由度，它们是机器人完成攀爬运动的核心部件，也是设计重点。为了使机器人能够出色、顺利地完成工作任务，在设计过程中提出了以下要求。

① 关节转动范围大。保证机器人具备较强的灵活性和对攀爬工作环境的适应能力。

② 关节驱动力矩足够大。保证机器人具备优秀的攀爬运动能力和较强的稳定工作能力。

③ 结构紧凑，质量轻。在满足攀爬自由度要求的前提下，尽量减小机器人的关节尺寸。工艺性好，外形美观，零部件安装方便。

4.2.1 杆塔攀爬机器人攀爬动作规划及结构设计

（1）杆塔攀爬机器人攀爬杆塔动作规划

杆塔攀爬机器人的攀爬动作规划致力于使机器人能够自由地在输电铁塔上进行攀爬工作，也就意味着机器人在攀爬过程中能够跨越各种常见的攀爬障碍。因此，我们需要对机器人的攀爬环境进行研究调查，本

书提出的攀爬机器人的基本工作环境为高压输电铁塔，通过阅读大量高压输电铁塔的相关资料，可以确定出实际上机器人针对的是攀爬环境为不同类型的角钢塔架或者等距/不等距斜材，即要求机器人具备攀爬铁塔主材和斜材的工作能力[11]。

输电铁塔的种类很多，按照铁塔的结构形状不同，可分为酒杯型塔、猫头型塔、门型塔等；按照铁塔的功能不同，可分为直线塔、换位塔和转角塔等；按照输电的电压等级不同，可分为 1000kV 塔、750kV 塔、500kV 塔、220kV 塔等。图 4.7 为输电铁塔的结构。本书以 500kV 直线铁塔为例进行介绍分析，输电铁塔的主体结构为空间角钢塔架，构成塔架的角钢材包括主材、斜材及辅助材。全塔使用 Q420、Q345 及 Q235 三种型号钢材。

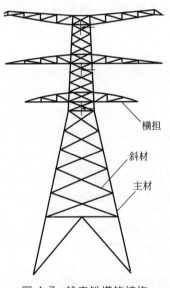

图 4.7　输电铁塔的结构

1）主材攀爬规划

基于以上对输电铁塔主材攀爬路况的分析和调研，结合前文已经确定的机器人构型方案，现拟采用杆件攀爬步态完成主材的攀爬运动。输电铁塔主材攀爬过程如图 4.8 所示，机器人主体在角钢表面外侧实现弯曲或者伸展运动，由此形成的步态类似于模仿尺蠖的动作进行攀爬。

具体攀爬过程如下。

① 机器人处于起始位置，由足端夹持器 1 和足端夹持器 2 同时抓住杆件共同支撑整个机器人，足端夹持器 3 和足端夹持器 4 为松开状态。

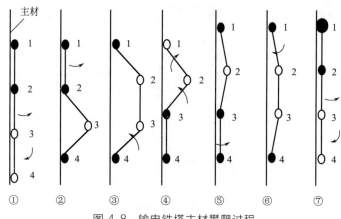

图 4.8　输电铁塔主材攀爬过程

○—抓手松开；　●—抓手夹紧

② 机器人足端夹持器 1 和足端夹持器 2 保持不动，转动关节 2 向上摆动，转动关节 3 向左摆动，使足端夹持器 4 运动到指定位置，并且慢慢完成夹紧动作。

③ 机器人足端夹持器 2 慢慢松开夹持住的杆件，为下一步运动做准备。

④ 机器人转动关节 4 向上摆动，使足端夹持器 3 运动到指定位置并完成夹紧动作。接着足端夹持器 1 慢慢松开角钢，为下一步运动做准备。

⑤ 机器人足端夹持器 3 和足端夹持器 4 保持不动，中间两个转动关节（转动关节 2 和转动关节 3）张开并向上做伸展运动，使足端夹持器 1 运动到指定位置并慢慢完成夹紧动作。

⑥ 机器人足端夹持器 3 慢慢松开角钢，为下一步运动做准备。

⑦ 机器人转动关节 1 向左摆动，使足端夹持器 2 运动到指定位置并完成夹紧动作。接着机器人回到起始的位型，重复以上步骤可继续攀爬。

2）不等距斜材攀爬规划

攀爬规划以 500kV 酒杯型直线铁塔为例，斜材材料采用 Q345、L90×10 的等肢角钢。斜材又称腹杆，是角钢塔架的重要组成部分。它的主要作用是为主材提供侧向支撑并抵抗塔身剪力。角钢塔架斜材根据塔架宽度的不同，可分为单斜材、交叉形斜材和 K 形斜材等，其中，在输电铁塔角钢塔架结构中最常见的是交叉斜材，如图 4.9 所示。

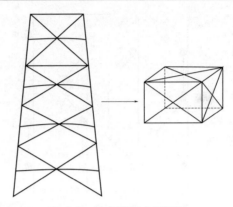

图 4.9　输电铁塔交叉斜材

现将角钢塔架主体结构视为由多个立方体模块连接而成,将角钢塔架中间一部分等效为一个立方体进行铁塔斜材步态分析。考虑到机器人在攀爬过程中针对的攀爬介质为交叉型斜材,斜材一般是非等距离的,这就要求机器人的攀爬运动能力十分灵活,现提出不等距斜材攀爬步态,如图 4.10 所示。机器人沿着角钢塔架斜材外侧进行扭转或者伸展以实现攀爬,夹持器的夹持方式与主材类似。

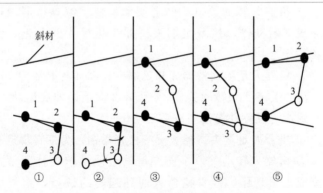

图 4.10　输电铁塔不等距斜材攀爬过程
○—抓手松开;　●—抓手夹紧

具体攀爬过程如下。

① 机器人处于起始位置,由足端夹持器 1、足端夹持器 2、足端夹持器 4 同时抓住角钢表面,共同支撑整个机器人,足端夹持器 3 为松开状态。

② 机器人足端夹持器 1 和足端夹持器 2 保持不动，足端夹持器 4 慢慢松开角钢，为下一步运动做准备。

③ 机器人转动关节 2 和转动关节 3 大幅度向上方摆动，使足端夹持器 1 运动到指定位置并慢慢完成夹持动作。

④ 机器人足端夹持器 3 慢慢松开角钢，为下一步运动做准备。

⑤ 机器人转动关节 1 向上摆动，使足端夹持器 2 运动到指定位置并完成夹持动作。接着机器人回到起始的位型，重复以上步骤可继续攀爬。

采用该攀爬步态时，机器人在三维空间中运动，中间两个转动关节转动幅度较大，起关键作用；另外两个关节配合协调运动。当遇到不同角度的斜材类型时，可以通过调整扭转角度来满足角钢斜材的工作环境，而且机器人在整个攀爬过程中具备足够宽阔的攀爬空间，能够保证始终有两个夹持器抓住角钢表面来支撑机器人整体的基础上，进行下一步攀爬运动。

3) 整体杆塔攀爬路径规划

通过前文对杆塔攀爬机器人应用范围的分析和研究，已经为机器人的攀爬杆塔运动定义出两种攀爬步态，充分体现出了该机器人的攀爬灵活性和对攀爬环境的适应性。

杆塔攀爬过渡问题是杆塔攀爬机器人的一项重要性能指标，也是比较难实现的技术难题。基于前文对攀爬机器人的步态分析，下面将主要分析两个问题：一是机器人能否完成输电铁塔环境下的主材、斜材和横担之间的攀爬过渡；二是如何进行这几种环境下的攀爬过渡。

如图 4.11 所示为高压输电杆塔攀爬路径图，给出了攀爬过渡的位置以及整个攀爬过程过渡的次数，本书提出的攀爬机器人将围绕该铁塔结构进行攀爬运动路径规划。

由图 4.11 所示，攀爬机器人将从起点开始，沿着铁塔主材由下至上（a-b、b-c、c-d、d-e、e-f、f-g、g-h、h-i、i-j）攀爬，最后攀爬到塔下终点。攀爬过程中经过主材和斜材两种攀爬介质，包含主材、斜材和横担之间的攀爬过渡。具体攀爬过程如下。

① 机器人从塔下起点开始，采用主材攀爬步态攀爬到 a 点。

② 机器人继续采用主材攀爬步态，沿着铁塔主材从 a 点攀爬到 b 点。

③ 机器人从主材 b 点攀爬过渡到横担底边，然后继续采用主材攀爬步态沿着横担底边角钢攀爬到 c 点。

④ 机器人在横担底边角钢上 c 点攀爬过渡到横担斜材 d 点。

⑤ 机器人采用斜材攀爬步态，沿着横担斜材从 d 点攀爬到 e 点。

⑥ 机器人采用斜材攀爬步态继续攀爬，沿着横担斜材从 e 点攀爬到 f 点。

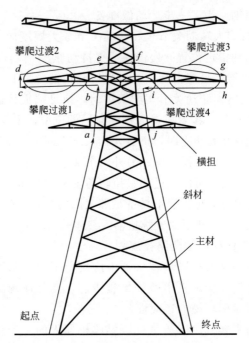

图 4.11　高压输电杆塔攀爬路径图

⑦ 机器人采用斜材攀爬步态，沿着横担斜材从 f 点攀爬到 g 点。

⑧ 机器人从横担斜材上 g 点攀爬过渡到横担底边角钢 h 点。

⑨ 机器人采用主材攀爬步态，沿着底边角钢从 h 点攀爬到 i 点。

⑩ 机器人从横担底边角钢攀爬过渡到主材角钢，然后继续采用主材攀爬步态，从 i 点攀爬到 j 点。

⑪ 机器人采用主材攀爬步态，从 j 点攀爬到终点，完成整个攀爬过程。

由图 4.11 所示，整个攀爬过程一共经过 4 次攀爬过渡且左右对称，因此，我们以左边两次攀爬过渡为例进行步态分析。其中，攀爬过渡 1 的过程如图 4.12 所示。

具体攀爬过程如下。

① 机器人处于起始位置，由足端夹持器 3 和足端夹持器 4 抓固在角钢主材上，足端夹持器 1 和足端夹持器 2 为松开状态且已经越过横担底边高度，转动关节 2 和转动关节 3 向左侧摆动到指定位置，使足端夹持器 1 慢慢抓固在横担底边角钢。

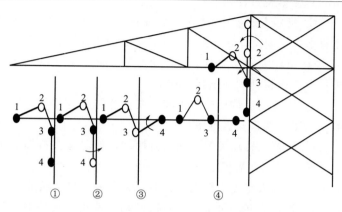

图 4.12　攀爬过渡 1 的过程

○—抓手松开；　●—抓手夹紧

② 机器人足端夹持器 1 和足端夹持器 3 保持不动，足端夹持器 4 慢慢松开，为下一步攀爬做准备。

③ 机器人转动关节 3 向上摆动，使足端夹持器 4 运动到指定位置后，慢慢抓住横担底边角钢。接着足端夹持器 3 松开，为下一步攀爬做准备。

④ 机器人转动关节 4 向上摆动，使足端夹持器 3 运动到指定位置后，慢慢抓住横担底边角钢，完成攀爬过渡 1 的所有动作。接着机器人回到铁塔主材攀爬步态。重复以上步骤可继续攀爬。

攀爬过渡 2 的过程如图 4.13 所示。

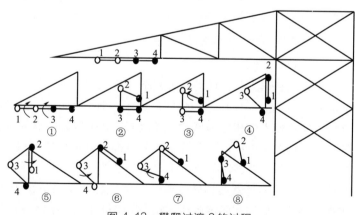

图 4.13　攀爬过渡 2 的过程

○—抓手松开；　●—抓手夹紧

具体攀爬过程如下。

① 机器人处于起始位置，由足端夹持器 3 和足端夹持器 4 抓固在角钢主材上，足端夹持器 1 和足端夹持器 2 为松开状态且已经攀爬到横担边缘。

② 机器人转动关节 2 和转动关节 3 向上方摆动到指定位置，使足端夹持器 1 慢慢抓固在横担主材上。

③ 机器人足端夹持器 1 和足端夹持器 4 保持不动，足端夹持器 3 松开，为下一步攀爬做准备。

④ 机器人转动关节 1 向右侧摆动，使足端夹持器 2 运动到指定位置后，慢慢抓固在横担主材上。

⑤ 机器人足端夹持器 1 松开，为下一步攀爬做准备。

⑥ 机器人转动关节 2 向右侧摆动，使足端夹持器 1 运动到指定位置后，慢慢抓固在横担斜材上，足端夹持器 4 松开。

⑦ 机器人转动关节 3 向右侧摆动，使足端夹持器 4 运动到指定位置后，慢慢抓固在横担主材上，足端夹持器 2 松开。

⑧ 机器人转动关节 4 向上摆动，使足端夹持器 3 运动到指定位置后，慢慢抓固在横担主材上。接着机器人回到铁塔斜材攀爬步态。重复以上步骤可继续攀爬。

攀爬过渡 3 和攀爬过渡 4 的过渡方式与攀爬过渡 1 和攀爬过渡 2 的类似，在此不再赘述。实际上，机器人在整个攀爬过程中可以根据具体情况，采用不同的攀爬步态完成攀爬作业，上述攀爬过程并不唯一。

由上述对机器人在输电铁塔攀爬过程的路径规划可知，本书提出的三杆四足攀爬机器人能够很好地适应铁塔环境并进行攀爬作业，能够实现在主材、斜材及横担之间进行攀爬跨越，攀爬灵活性较高，攀爬过程中能够保证始终有两个攀爬足处于夹紧状态，保证了攀爬安全性。

（2）杆塔攀爬机器人结构设计

1）整体结构设计

考虑到机器人是在杆塔这种复杂、特殊的三维环境下工作，并且要求能够实现指定的工作任务，我们提出了一种新型的杆塔攀爬移动机器人。杆塔攀爬机器人由相互串联的 3 个连杆、2 个双轴复合转动关节和 2 个三轴复合转动关节组成，每个转动关节上都装有夹持器，构成三杆四足攀爬机器人。三轴复合转动关节位于串联的 2 个连杆之间，实现连杆的偏转和俯仰运动以及夹持器的回转运动。双轴复合转动关节位于机器人的两端，实现夹持器的俯仰和回转运动。杆塔攀爬机器人三维模型如图 4.14 所示。

攀爬机器人共具有 10 个转动自由度，其中，双轴复合转动关节具有 2 个转动自由度，三轴复合转动关节具有 3 个转动自由度。连杆两端均用法兰与各个关节连接。连杆长度可根据攀爬环境的改变来进行调整，从而能够更好地配合机器人在攀爬过程中采用顺畅合适的步态。

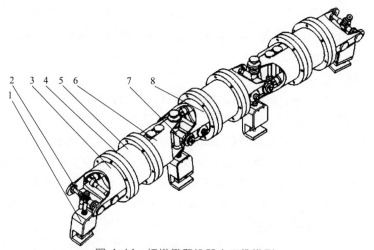

图 4.14 杆塔攀爬机器人三维模型

1—夹持器；2—穿心轴；3—连杆支座；4—法兰盘；5—连杆；6,8—连杆支座；7—十字轴

2）关节设计

① 三轴复合转动关节。

三轴复合转动关节是由俯仰关节、偏转关节和回转关节组合在一起的转动关节模块，布置在机器人本体串联的 2 个连杆之间，实现连杆的偏转和俯仰运动以及夹持器的回转运动。三轴复合转动关节如图 4.15 所示。

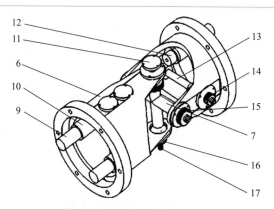

图 4.15 三轴复合转动关节

6—连杆支座；7—十字轴；9—驱动电动机；10—减速器；11—轴承盖；12—蜗轮蜗杆；
13—驱动电动机输入轴；14—主动带轮；15,16—从动带轮；17—回转穿心轴三轴复合转动关节是由偏转关节机构、俯仰关节机构、十字轴 7、回转穿心轴 17 及其他零部件组成。偏转关节机构包括连杆支座 6、驱动电动机 9、减速器 10、蜗轮蜗杆 12、主动带轮 14 和从动带轮 16；俯仰关节机构包括连杆支座 8、驱动电动机 9、减速器 10、蜗轮蜗杆 12、主动带轮 14 和从动带轮 15。十字轴 7 的轴端分别与两个连杆支座相连，实现两个支座的相对转动。穿入十字轴 7 的回转穿心轴 17 与夹持器 1 固连，实现夹持器 1 的回转运动。

偏转关节机构中的偏转电动机、回转电动机和与其配合的减速器分别安装在连杆支座 6 内部，同时两根电动机输入轴相邻安装在连杆支座 6 中。两台驱动电动机的轴端各自装有蜗杆与两根输入轴的轴端蜗轮相互啮合。其中一根轴上的主动带轮与十字轴轴端上的从动带轮形成同步带传动，另一根轴上的主动带轮与穿入十字轴 7 的回转穿心轴 17 轴端上的从动带轮 16 形成同步带传动，两根轴上分别装有滚动轴承、轴套、键、圆螺母等定位元件。

俯仰关节机构中的俯仰电动机和与其相配合的减速器安装在连杆支座 8 内部，同时电动机输入轴 13 安装在连杆支座 8 中。俯仰电动机的轴端装有蜗杆与电动机输入轴 13 的轴端上蜗轮相互啮合；电动机输入轴 13 上的主动带轮 14 与十字轴轴端上的从动带轮 15 形成同步带传动，轴上分别装有滚动轴承、轴套、键、圆螺母等定位元件。

偏转关节机构的工作过程如下：偏转电动机驱动蜗杆旋转，带动与其啮合的被安装在输入轴上的蜗轮转动，同时安装在该输入轴上的主动带轮开始转动，带动十字轴 7 上的从动带轮运动，从而驱动十字轴 7 转动，实现机构的偏转运动；回转电动机驱动蜗杆旋转，带动与其啮合的被安装在另一根输入轴上的蜗轮转动，同时安装在该输入轴上的主动带轮开始转动，带动穿入十字轴 7 上的回转穿心轴 17 上的从动带轮 16 运动，从而驱动夹持器 1 转动，实现夹持器 1 的回转运动。

俯仰关节机构的工作过程如下：俯仰电动机驱动蜗杆旋转，带动与其啮合的被安装在电动机输入轴 13 上的蜗轮转动，同时安装在该输入轴上的主动带轮 14 开始转动，带动十字轴 7 上的从动带轮 15 运动，从而驱动十字轴 7 转动，实现机构的俯仰运动。

② 双轴复合转动关节。

双轴复合转动关节是由俯仰关节和回转关节组合在一起的转动关节，布置在攀爬机器人本体的两端用来实现夹持器的俯仰和回转运动。双轴复合转动关节如图 4.16 所示。

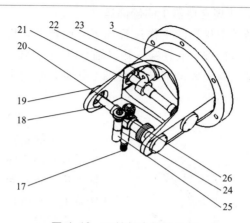

图 4.16　双轴复合转动关节

17—回转穿心轴；18—输出轴；19—轴承盖；20—从动带轮；21—蜗轮；
22—蜗杆；23,24—减速器，25—驱动电动机；26—轴承座

　　双轴复合转动关节由俯仰关节机构、回转关节机构和一根穿入输出轴 18 的回转穿心轴 17 及其他零部件组成。俯仰关节机构包括连杆支座 3、驱动电动机、减速器 23、蜗轮 21、蜗杆 22、主动带轮和从动带轮 20；回转关节机构包括驱动电动机 25、减速器 24、回转穿心轴 17、主动齿轮和从动齿轮。其中，俯仰关节输出轴 18 的轴端与连杆支座 3 相连，实现夹持器 1 的俯仰运动。另有一根回转穿心轴 17 从径向穿过输出轴 18 的轴心与夹持器 1 固连，实现夹持器 1 的转动。

　　俯仰关节机构中的俯仰电动机和与其相配合的减速器 23 安装在连杆支座 3 内部，同时电动机输入轴和输出轴 18 安装在连杆支座 3 中。俯仰电动机的轴端装有蜗杆 22，与输入轴轴端的蜗轮 21 啮合；输入轴上的主动带轮与输出轴轴端上的从动带轮 20 形成同步带传动，轴上分别安装有滚动轴承、轴套、键、圆螺母等定位元件。

　　回转关节机构中的驱动电动机 25 和与其配合的减速器 24 安装在穿入输出轴 18 中的回转穿心轴 2 的支座上。回转电动机的轴端装有主动齿轮，与穿入输出轴 18 中的回转穿心轴 2 轴端上的从动齿轮啮合。该回转穿心轴 2 的另一个轴端上有外螺纹，与夹持器 1 上的内螺纹通过螺栓固连，轴上分别安装有滚动轴承、轴套、键、圆螺母等定位元件。

　　俯仰关节机构的工作过程：俯仰电动机驱动蜗杆 22 旋转，带动与其啮合的被安装在输入轴上的蜗轮 21 转动，同时安装在该输入轴上的主动带轮开始转动，带动输出轴 18 上的从动带轮 20 运动，从而驱动输出轴

18 转动，实现夹持器 1 的俯仰运动。

回转关节机构的工作过程如下：回转电动机驱动主动齿轮旋转，带动与其啮合的被安装在穿入输出轴 18 中的回转穿心轴 2 的轴端上的从动齿轮转动，从而驱动回转穿心轴 2 转动，带动夹持器 1 转动，实现夹持器 1 的回转运动。

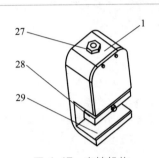

图 4.17　夹持机构
1—夹持器；27—螺母；
28—活动夹爪；29—固定夹爪

3）夹持机构设计

为了满足以上设计要求，我们设计出了针对高压输电铁塔角钢塔架的夹持器模块，将其布置在每个转动关节的回转轴上。夹持机构如图 4.17 所示。

夹持器 1 由夹持器支座、夹紧电机、减速器、螺杆、方形螺母、固定夹爪 29、活动夹爪 28 及其他零部件组成。夹持器 1 固定连接在回转穿心轴 17 上，其内部设有夹紧机构，其中一端手爪 29 为固定端，另一端活动手爪 28 与电动机输出端相连，实现夹持器 1 的夹紧运动。该夹持机构适用于攀爬铁塔。

夹持器 1 中的夹紧电动机和与其配合的减速器安装在夹持器支座内部，同时夹紧电动机输出轴与穿过支座上的固定夹爪 29 的螺杆相连。活动夹爪 28 通过方形螺母连接在螺杆上。夹持器支座底部有导向机构，导向机构的两端分别装有限位块，夹持器支座上开有螺纹孔，可与回转穿心轴上螺纹配合，通过螺栓固定连接在一起。

夹持器 1 的工作过程如下：夹紧电动机驱动输出轴旋转，带动与其固连的螺杆转动，从而驱动安装在螺杆上的活动夹爪 28 沿着螺杆轴心方向移动，实现夹持器 1 的夹紧运动。

4.2.2　壁面攀爬机器人攀爬动作规划及结构设计

（1）壁面攀爬机器人爬壁动作规划

壁面攀爬机器人不仅要能够在壁面上进行前进运动，而且要有一定的转向和越障能力。有时壁面并不是完全平坦的，有可能由于所处环境的需要存在凸出或凹进的地方，这就需要壁面攀爬机器人具有越过这些地方的能力。

　　由于机器人需要在墙面上进行攀爬运动，墙面一般为平面，因此我们选择真空吸附型手爪安装在机器人的足端，以此来完成机器人足端夹持器对墙面的吸附固定。

　　1）正常直行攀爬动作规划

　　四足式攀爬机器人在墙壁上正常行走时有两种运动方式：一种是 N 型运动方式；另一种是尺蠖运动方式。两种运动形式的具体过程如下。

　　N 型运动方式如图 4.18 所示，将吸盘 1 和吸盘 2 归在一起，吸盘 3 和吸盘 4 归在一起，具体运动过程如下。

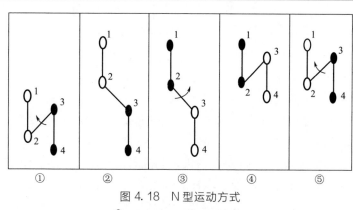

图 4.18　N 型运动方式

○—吸盘松开；　●—吸盘吸附

　　① 初始状态下，吸盘 1 和吸盘 2 处于松开状态，脱离壁面，吸盘 3 和吸盘 4 吸附于壁面。

　　② 在关节 3 偏转舵机的带动下向上摆动，同时关节 2 处的偏转舵机带动连杆 1 向上摆动，保持连杆 1 与连杆 3 平行。

　　③ 到达指定位置后，吸盘 1 和吸盘 2 与壁面吸合，吸盘 3 和吸盘 4 松开，脱离壁面。

　　④ 关节 2 的偏转舵机带动连杆 2 和连杆 3 向上摆动，同时关节 3 的偏转舵机带动连杆 3 向下摆动，运动过程中保持连杆 3 与连杆 1 平行。

　　⑤ 到达指定位置后，吸盘 1 和吸盘 2 与壁面松开，脱离壁面，吸盘 3 和吸盘 4 吸合。

　　尺蠖运动方式如图 4.19 所示。主要运动过程是保证首尾其中一个吸盘吸附壁面，其余吸盘均脱离壁面，在各关节电动机的带动下实现连杆 2 的隆起与落下，从而带动机器人整体移动。具体的运动过程如下。

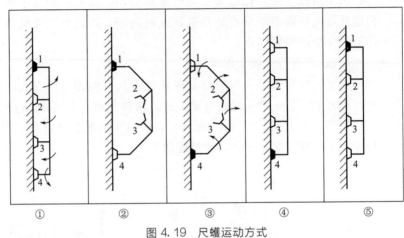

图 4.19　尺蠖运动方式

▲—吸盘吸附；　⌒—吸盘松开

① 初始状态下，吸盘 1 吸附于壁面，吸盘 2、吸盘 3、吸盘 4 处于松开状态。

② 关节 1 的俯仰电动机带动连杆 1、连杆 2、连杆 3 上摆，同时关节 2 的俯仰电动机带动连杆 2 和连杆 3 向下摆，关节 3 的俯仰电动机带动连杆 3 向上摆，关节 4 的俯仰电动机带动腿 4 向下摆，直至与壁面贴合。

③ 吸盘 4 与壁面吸合，吸盘 1 处于松开状态。

④ 关节 4 的俯仰电动机带动连杆 3、连杆 2、连杆 1 向上摆，同时关节 3 的俯仰电动机带动连杆 2 和连杆 1 向外摆，关节 2 带动连杆 1 向外摆，关节 1 带动吸盘 1 向下摆，直至与壁面贴合。

⑤ 吸盘 1 与壁面吸合，吸盘 4 处于松开状态。

2）转弯的攀爬动作规划

转弯是壁面攀爬机器人设计过程中应具备的一种功能。本书设计的攀爬机器人转弯过程如图 4.20 所示。

① 机器人在需要转弯时，吸盘 3 和吸盘 4 与壁面吸合，吸盘 1 和吸盘 2 与壁面松开。

② 连杆 1 与连杆 2 在关节 3 偏转电动机的带动下向左转动。

③ 到达指定位置时，吸盘 1 和吸盘 2 吸合壁面，吸盘 3 和吸盘 4 与壁面松开。

④ 连杆 2 和连杆 3 在关节 2 偏转电动机的带动下逆时针方向旋转相同的角度。

⑤ 到达指定位置时，吸盘3和吸盘4与壁面吸合，完成一次转弯。

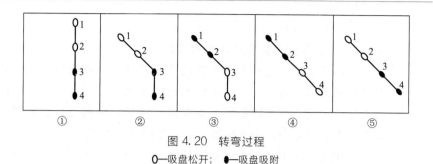

图 4.20 转弯过程

○—吸盘松开； ●—吸盘吸附

3）越障过程攀爬动作规划

四足式壁面攀爬机器人必须具有越过障碍的能力，机器人壁面运动环境不可能是完全平坦的，有时壁面上有凸出或者凹陷的部分，这就需要机器人具有跨过这些不平坦部分的能力。当侧向尺寸较大时，采用尺蠖运动越障；凸出尺寸较大时，采用侧向越障。

当壁面上的障碍物横向尺寸较大而垂直于壁面凸出尺寸不大时，可以采用直行的尺蠖运动方式越障，如图 4.21 所示。图 4.21 中仅展示了足1跨越障碍的过程，其他足越障的过程与此类似。在直行的过程中，通过关节1处的俯仰电动机将腿1旋转一定的角度，结合直行过程的其他步骤来完成。

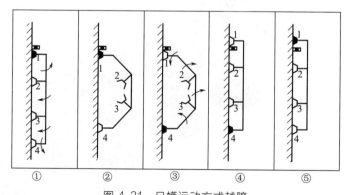

图 4.21 尺蠖运动方式越障

◼•—前方障碍； ▲—吸盘吸附； ⋀—吸盘松开

有时壁面上的障碍物横向尺寸并不大而垂直于壁面凸出的尺寸较大，此时用尺蠖方式越障比较困难，这是由机器人四足抬起的距离有限造成的。此时就需要采用转弯的方式避开障碍以达到越障的目的，此越障过程与转弯过程类似，可以参照图 4.16 的转弯过程。

（2）壁面攀爬机器结构设计

1）壁面清洗机器人整体机构设计

设计的壁面清洗机器人是将清洗装置放置在吸盘的内部，清洗的过程是通过机器人的移动加上滚刷的旋转实现的，因此机器人的移动过程将直接影响其在建筑物壁面上单次爬行的最大距离及跨越障碍的长度和高度。本书设计中，清洗机器人要满足以下基本要求。

① 机器人可以在竖直平面上或曲面上或与水平面成一定角度的壁面上完成直行运动及转弯运动。

② 机器人能够灵活越障，跨越宽度为 40～50mm、高度为 20～30mm 的窗框类规则障碍物，且能实现面与面的转换功能，即可以实现台阶面的清洗等。

按照实际工程要求，结合高楼建筑物幕墙玻璃尺寸，初步完成了壁面清洗机器人的三维模型，如图 4.22 所示。所建立的清洗机器人结构上呈三杆四足的形式，所谓的三杆四足就是由相互串联的 3 个连杆和 4 个关节组成，4 个关节上分别安装有吸盘，充当足的部分。各关节上所对应的自由度分别完成不同的运动过程：其中关节1上有两个自由度，分别

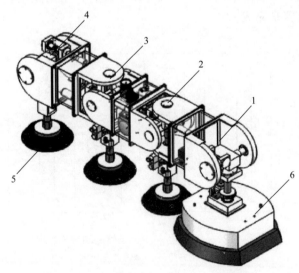

图 4.22　壁面清洗机器人的三维模型

1—关节 1；2—关节 2；3—关节 3；4—关节 4；5—吸盘足；6—清洗盘足

对应的是滚刷的清洗运动、吸盘足的俯仰运动或者整体的俯仰过程；关节 2 和关节 3 上均为双自由度的复合，在不同的运动过程中通过对不同的电动机进行驱动，实现连杆的偏转及俯仰运动；关节 4 上的单自由度实现的是吸盘足的俯仰或者整体的俯仰过程。因此本次设计的清洗机器人总共可以实现 7 个运动，即该机器人为 7 自由度机器人。各关节运动方向均采用电动机驱动，经过减速器及蜗轮蜗杆减速后实现各关节的相关运动。

接下来详细说明各关节上的运动。

关节 1 处的结构如图 4.23 所示，安装在连杆 1 壳体内部的俯仰电动机与减速器通过联轴器与蜗杆相连，蜗杆轴采用双端支撑的方式放置在支座上，蜗杆轴与俯仰轴上的蜗轮相啮合，从而降低俯仰轴转动的速度，俯仰轴通过滚刷连接板与吸盘壳固连，使吸盘足能同关节 1 一起进行俯仰运动。拟采用这个运动实现在一定曲率的壁面上的清洗运动，清洗滚刷的旋转是通过放置在滚刷连接板上的驱动直流电动机由减速器减速，经齿轮传动来带动滚刷清洗壁面。俯仰轴与滚刷连接板通过平键进行周向固定，轴肩加弹性挡圈进行轴向固定，并加上紧定螺钉，以提高传递载荷的能力，使结构更可靠。

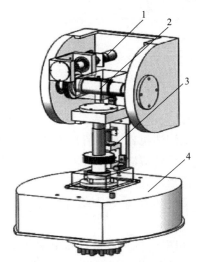

图 4.23　关节 1 处的结构

1—俯仰电动机；2—俯仰轴；3—滚刷连接板；4—吸盘足

关节 2 和关节 3 处的结构相同，如图 4.24 所示，采用十字轴结构形式的复合关节，实现连杆间的俯仰及偏转运动。这种结构形式紧凑，减小了机器人的空间尺寸。以关节 2 为例进行说明，关节左右两端分别连接的是清洗机器人的连杆 1 和连杆 2，其中吸盘足 2 与右侧关节支座相连，当吸盘足吸合时，关节 2 处的俯仰电动机通电，就会带动连杆 1 进行俯仰运动。同理，当关节 2 处偏转电动机通电时，就会带动连杆 1 进行偏转运动。吸盘足与壁面之间松开，当满足上述条件时就会带动连杆 2 和连杆 3 进行俯仰和偏转运动。

关节 4 处的结构如图 4.25 所示，俯仰电动机与减速器通过联轴器与蜗杆相连，蜗杆轴与俯仰轴上的蜗轮相啮合，从而降低俯仰轴转动的速度。关节 4 处俯仰运动的实现与关节 1 处俯仰运动的实现过程一致，均是通过吸盘连接板与俯仰轴配合，从而实现俯仰轴运动，同时带动吸盘足运动。

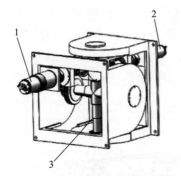

图 4.24　关节 2 和关节 3 处的结构
1—俯仰电动机；2—偏转电动机；3—十字轴

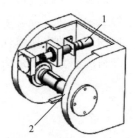

图 4.25　关节 4 处的结构
1—俯仰电动机；2—俯仰轴

2）壁面清洗机器人清洗装置设计

参照市面上清洗机器人的清洗方式，综合考虑清洗作业的可行性与方便性，本次设计的清洗机器人采用刷洗式的清洗方式。主要工作原理是通过加入清洗液，利用清洗液将污渍溶解并结合刷子与壁面间的机械摩擦实现双重清洗的效果[12]。结合壁面的环境特征，提出了以下三种清洗方案形式。

方案一：如图 4.26 所示，清洗转轴上分别安装上互成 120° 的滚刷、刮板、海绵，清洗的原理是先将加入清洗液的水雾化，喷洒在待清洗的壁面上，旋转清洗转轴，将滚刷的一侧转到与壁面接触的地方，对相对较硬的污渍进行预清洗，同时清洗轴带动滚刷快速旋转，将污渍卷起。继续旋转清洗转轴，将刮板的一侧转到与壁面接触的地方，把留在壁面上的水渍刮净，然后将清水雾化，喷洒至壁面上，旋转清洗转轴，将海绵的一侧转到与壁面接触的地方，进行二次清洗，继续旋转清洗转轴，将刮板的一侧转至与壁面接触的地方，把残留的水渍刮干。

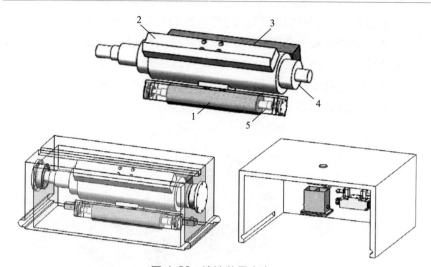

图 4.26　清洗装置方案一
1—滚刷；2—刮板；3—海绵；4—清洗转轴；5—清洗轴

清洗过程与机器人的行走是相互独立的，机器人停下时进行清洗作业，考虑到清洗过程的连续性，引入了壳体机构，一方面用于清洗转轴电动机及雾化喷头的安装；另一方面作为清洗装置的支撑件，在移动清洗的过程中充当滑块，使清洗装置在滑道内部往复移动，完成一系列清洗过程。在清洗壳体的外侧还设计有另一个壳体，主要作用是与机器人本体结构连接，同时作为清洗水箱、水泵及二位三通阀的载体。其中清洗水箱分为两腔，分别用于存储清水和加入清洗液的水，通过在转换清洗转轴的过程中改变二位三通阀的阀体位置，调节在各清洗过程中液体的流通及对应液体的雾化，通过外壳上安装的曲柄滑块机构来实现往复清洗。

方案二：与方案一相比，方案二的出发点是当进行壁面清洗时，机器人本体不需要停在某个位置，而是在运动的过程中完成清洗作业。具体的清洗过程如图 4.27 所示，该清洗装置主要由滚刷、水箱、刮板、皮带、扭簧、二位三通阀及相应的管路组成。其中两个滚刷由一个电动机通过皮带轮传动实现同时运动。水箱两侧分别装有加入清洗液的水和清水，根据机器人运行的方向，通过电磁阀的控制作用，沿着管路分别作用于两个滚刷进行刷洗。以机器人向上运动清洗为例，此时位于上侧的管路中通入含有清洗液的水，主要清除污渍；位于下侧的管路中通入清水，主要清洗一次清洗后的壁面。清洗壳体上与壁面接触的地方分别装有前后两个刮板，刮板与壳体之间通过扭簧连接，实现不同方向的水渍刮洗作业。同样以机器人向上清洗为例，位于上侧的刮板不起作用；位于下侧的刮板在扭簧的作用下将刮洗力作用在壁面上，将壁面上残留的水渍清除干净。考虑到清洗领域的范围和清洗环境的不同，通过调节刮板的角度并给刮板作用力来实现不同壁面上的刮洗作业。该方案中清洗装置放置在机器人的连杆上。

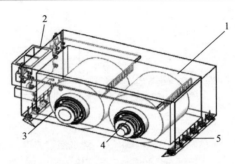

图 4.27　清洗装置方案二
1—滚刷；2—水箱；3—刮板；4—皮带；5—扭簧

方案三：结合上述两种方案的不足进行改进，提出了新型清洗装置设计方案。方案一中构想的清洗方式适用性不高，只能适用于平面壁面的清洗，难以清洗曲面等；而且清洗时本体结构需要停留在壁面上，会造成清洗效率较低；为了每次能清洗更大面积的壁面，清洗机构的壳体尺寸需要增大，不满足设计的要求。方案二在方案一的基础上进行了一定的改善，清洗过程中本体结构不需要停止在壁面上，清洗效率得到了提高，存在的问题是在清洗过程中含有清洗液的水和清水同时喷洒在两个滚刷上，就需要用到两个水泵进行液体的加压喷洒；而且滚刷尺寸较大，管道较长，造成一定程度的安装困难。结合两个方案的不足，方案三在原有方案的基础上进行改进，如图4.28所示。该方案中将清洗装置置于吸盘壳内部，需要对吸盘壳的真空区域和清洗区域进行设计。具体的清洗作业可概括为雾化喷头喷水、盘刷刷洗、吹气装置吹干。雾化喷头将来自水管的水雾化，喷洒在待清洗的壁面，起到强力冲洗壁面的作用，可以除去壁面附着力较小的污垢并浸润壁面，喷头的方向可以调节，喷射范围为120°。清洗电动机带动盘刷旋转，可以除去附着力较大的污垢。吹气装置通过微型气泵施以高压气流，将残留在壁面的水渍吹干。相比于前两种方案，方案三的可行性比前两种方案更大。

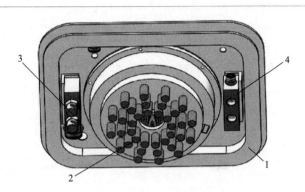

图 4.28　清洗装置方案三
1—吸盘壳；2—盘刷；3—雾化喷头；4—吹气装置

对清洗方案总结如下：与前两种方案相比，方案三有两点优势，一是将原有的刮板改为吹气装置，扩大了机器人的适用范围，既能清洗玻璃壁面也能清洗瓷砖壁面，且清洗的范围也从单一的平面玻璃增大到具有一定曲率的曲面玻璃清洗；二是将清洗装置与吸盘巧妙地集成于一体，节省了空间，使机器人结构更紧凑。因此本设计的清洗装置选用方案三。

4.2.3　巡检机器人线路攀爬动作规划及结构设计

（1）巡检机器人线路攀爬动作规划

1）架空线路环境介绍

在进行机器人架空线路攀爬动作规划之前，我们必须了解机器人的行走环境及运动中所遇到的障碍类型，这样才能准确无误地规划出最佳的运动动作。本节主要对 500kV 高压输电线路架空地线障碍环境进行分析研究。

电力金具对高压输电线路的安全运行至关重要。有的电力金具可以起到连接输电线路的作用，如压接管；有的起到承受输电线路载荷的作用，如悬垂金具；有的起到保护输电线路作用，如防振锤。这些电力金具在输电线路中起到保护线路安全运行的作用，但是对巡检机器人来说，它们就是机器人必须跨越的障碍，这对机器人来说是一个巨大的挑战。

① 防振锤和压接管。

通常，高压架空线路的档距较大，杆塔也较高，当导线受到大风吹动时，会发生较强烈的振动。导线振动时，导线悬挂处会发生强烈振动，对线路和金具具有致命的损坏。长时间和周期性的振动将造成导线疲劳损坏，使导线发生断股、断线，有时强烈的振动还会破坏金具和绝缘子。振动的频率很低，而振幅很大，很容易引起相间闪络，造成线路跳闸、停电或烧伤导线等严重事故。

为了防止和减轻导线的振动，一般在悬挂导线线夹的附近安装一定数量的防振锤（图4.29）。当导线发生振动时，防振锤也上下运动，产生一个与导线振动不同步甚至相反的作用力，可减小导线的振幅，甚至能消除导线的振动。

架空地线为钢丝铝绞线，由厂家按照一定的标准生产，铝绞线长度固定，因此在架设线路时需要用压接管（图4.30）将其连接起来，一般采用爆炸方法或高压挤压方法安装。

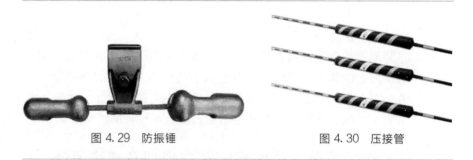

图4.29　防振锤　　　　　　　　　　图4.30　压接管

② 悬垂金具。

悬垂金具由悬垂线夹和绝缘子串组成。架空线路的悬垂金具悬挂在杆塔横担上，其作用为将输电线固定在绝缘子串上或将避雷线悬挂在直线杆塔上，有时也可以作为换位杆塔上的支撑换位导线，耐张、转角杆塔上的固定跳线。悬垂金具的一端与杆塔或悬挂绝缘子串相连，另一端固定架空地线。

图4.31所示为单悬垂金具，悬垂线夹的长度一般为220mm，绝缘瓷瓶距线夹90mm。

图4.32所示为双悬垂金具，双悬垂金具为两个单悬垂金具组合使用，其能承受的载荷是单悬垂金具的两倍。悬垂金具是连接保护输电线的重要元件，也是线路障碍类型中重要的一种。

2）正常行走攀爬动作规划

图4.33所示是巡检机器人在无障碍档段内行进时两种行走姿态的俯视图。图4.33(a)是4个轮子全部挂在线路上，巡检机器人通过轮子的

滚动，依靠轮子与输电线路之间的摩擦力行进。此种姿态的行进速度较快，比较稳定安全，但是当遇到较大坡度的输电线路时，可能由于轮子与输电线路之间的摩擦力小于机器人重力在线路上的分量，导致机器人不能前进。图4.33(b)是机器人两个轮子挂在线路上，当巡检机器人由坡度较小的线路向坡度较大的线路行进时，首先轮1的轮夹复合机构夹紧输电线路，依靠俯仰关节和偏转关节变换到图4.33(b)所示的姿态；然后轮1的夹爪机构松开，轮4的轮夹复合机构夹紧线路，进行尺蠖运动；如此反复地在线路上行进。此种运动方式运动速度较慢、效率较低。

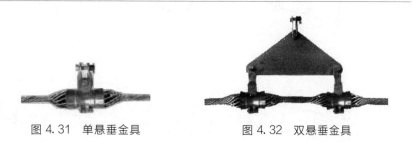

图4.31　单悬垂金具　　　　　　图4.32　双悬垂金具

根据输电线路的坡度情况，图4.33(a)的运动方式基本可以满足500kV线路坡度的巡检，所以巡检机器人在无障碍段行走时基本采用轮子滚动的方式前进。

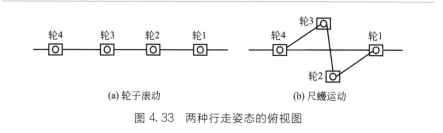

(a) 轮子滚动　　　　　　　　　(b) 尺蠖运动

图4.33　两种行走姿态的俯视图

3）越障过程动作规划

由架空线路的行走环境分析可知，巡检机器人在高压输电线路上行走时遇到的主要障碍物有单悬垂金具、双悬垂金具、防振锤、压接管等。根据障碍物的类型可以把越障方式分为线上越障、侧向越障和转向越障三种类型。

① 线上越障。

导线上方能否通过是根据电力金具安装位置在线上的垂直高度决定的，典型的电力金具——防振锤、压接管在线上的垂直高度均不大。由巡检机器人结构可以看出，机器人可以通过俯仰关节抬起手臂，从而使手臂在输电线路竖直平面内抬高一定距离，因此当巡检机器人遇到防振锤和压接管类型的障碍物时，可以采取此类越障方式。以机器人跨越防振锤的过程为例分析越障流程，如图 4.34 所示。

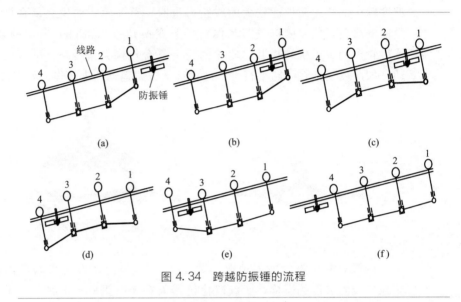

图 4.34　跨越防振锤的流程

a.当巡检机器人接近防振锤时，停止前进并抬起行走轮 1，使前行走轮处于输电线路正上方，如图 4.34(a) 所示；

b.除了行走轮 1 外，其他行走轮转动，使行走轮 1 越过防振锤，如图 4.34(b) 所示；

c.行走轮 1 落线并抬起行走轮 2 和行走轮 3，使行走轮 2 和行走轮 3 处于输电线路正上方，如图 4.34(c) 所示；

d.行走轮 1 和行走轮 4 转动，使行走轮 2 和行走轮 3 越过防振锤，如图 4.34(d) 所示；

e.行走轮 2 和行走轮 3 落线并抬起行走轮 4，使行走轮 4 处于输电线路正上方，如图 4.34(e) 所示；

f.除了行走轮 4 外，其他行走轮转动，使行走轮 4 越过防振锤并落线，完成对防振锤的跨越，如图 4.34(f) 所示。

② 侧向越障。

当巡检机器人遇到在线上方无法通过的悬垂金具等障碍物时，机器人可以通过俯仰关节和水平偏转关节使手臂脱线，并偏出输电线路所在的竖直平面，因此可以采用侧向越障的方式越障。此种越障方式不受障碍物在输电线路竖直平面内尺寸大小的限制，但会受障碍物在水平方向尺寸大小的限制。侧向越障的最大挑战就是要时时保证机器人水平方向的重心平衡。机器人跨越单悬垂金具的流程如图4.35所示。

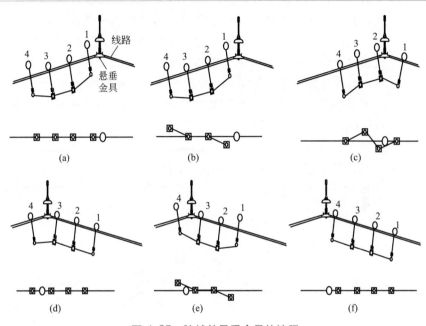

图4.35　跨越单悬垂金具的流程

　　a.当巡检机器人接近悬垂金具时，停止前进，驱动前后手臂抬起，使行走轮1和行走轮4高出输电线路一段距离，如图4.35(a)所示；

　　b.行走轮2和行走轮3的轮夹复合机构夹紧输电线路，依靠端偏转关节，使得行走轮1和行走轮4偏出输电线路所在的竖直平面，行走轮1和行走轮4的姿态成镜像关系，以保证机器人的侧向重力平衡，如图4.35(b)所示；

　　c.行走轮1越过悬垂金具，行走轮1和行走轮4同时摆回落线，然后抬起行走轮2和行走轮3并偏转出输电线路所在竖直平面，此时机器人的姿态使其重心在输电线路竖直平面内，保证了侧向的重力平衡，如图4.35(c)所示；

　　d.行走轮1和行走轮4转动使机器人前进，使行走轮2和行走轮3越过悬垂金具并回转落线，如图4.35(d)所示；

　　e.行走轮4越障方式与行走轮1越障方式相同，最终完成越过悬垂金具的过程，如图4.35(e)、(f)所示。

③ 转向越障。

当巡检机器人在直线杆塔上行走时,可以跨越直线杆塔上的防振锤、压接管、悬垂金具等障碍物。高压输电线路在水平面内有时并不一定是一条直线,为了满足各个方向用户的需要,就会利用转角塔来改变输电线路在水平面内的方向,但是这却给巡检机器人带来了越障的困难。当巡检机器人遇到有水平偏转角度的障碍环境时,可以采用转角越障的方式通过障碍,这种越障方式能够始终保证机器人侧向不发生偏转现象,保证越障过程的稳定与安全。跨越转角的流程如图 4.36 所示。图中点画线 P 表示机器人重心所在的竖直平面,黑色三角形区域是此姿态重心所在区域。

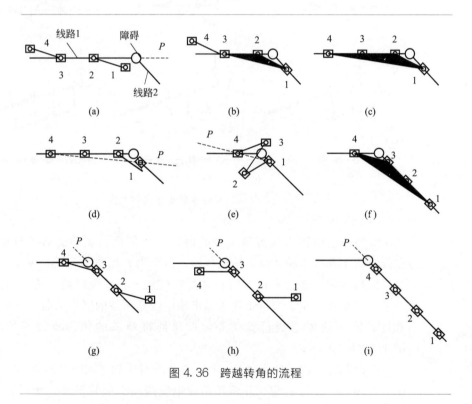

图 4.36　跨越转角的流程

巡检机器人转向越障主要分三个阶段完成,分别为前轮越障阶段、中轮越障阶段、后轮越障阶段。

前轮越障阶段主要分为以下三步。

a.当巡检机器人检测到转向障碍时停止前进,行走轮 2 和行走轮 3 的夹爪机构夹紧高压线路,行走轮 1 和行走轮 4 同时抬起并摆出高压线路所在的竖直平面,使得重心位置始终在线路 1 所在的竖直平面内,如

图 4.36(a) 所示。

b.行走轮 2 和行走轮 3 夹爪松开并行走前进,使行走轮 2 靠近转向障碍,并调整行走轮 1 和行走轮 4 摆出的角度及调整行走轮 1-行走轮 2 之间杆件和行走轮 3-行走轮 4 之间杆件的偏转角度,使得行走轮 1 挂到线路 2 上,如图 4.36(b) 所示。

c.行走轮 1、行走轮 2、行走轮 3 的夹爪机构夹紧线路,使得行走轮 4 摆回高压线路 1 上,完成前轮的转向越障过程。在此过程中,重心位置由图 4.36(b) 的黑色三角形向图 4.36(c) 的黑色三角形过渡,如图 4.36(c) 所示。

中轮越障阶段主要分为以下三步。

a.调整行走轮 1 的位置及机器人的位置,使得机器人重心位于行走轮 1 与行走轮 4 连线的竖直平面内,如图 4.36(d) 所示。

b.行走轮 1 的夹爪机构夹紧线路 2,抬起行走轮 2 和行走轮 3 并摆出高压线路所在的竖直平面,同时改变机器人的姿态为 N 形,如图 4.36(e) 所示。

c.行走轮 4 的夹爪机构夹紧线路,行走轮 1 前进,做尺蠖运动,若一次尺蠖运动后行走轮 2 和行走轮 3 没能够越过转角,则再进行一次尺蠖运动,直到行走轮 2 和行走轮 3 越过转角障碍并挂在线路 2 上为止。此过程中时时调整姿态,使得重心始终在行走轮 1 和行走轮 4 连线所在的竖直平面内,最后完成中轮越障过程,如图 4.36(f) 所示。

后轮越障阶段主要分为以下三步。

a.行走轮 2、行走轮 3、行走轮 4 的夹爪机构夹紧线路,抬起行走轮 1 并摆出一定的角度,使得机器人重心位于线路 2 所在竖直平面内,为行走轮 4 的脱线做准备工作,如图 4.36(g) 所示。

b.行走轮 4 的夹爪机构松开,使得行走轮 4 脱线并摆出一定角度,此过程行走轮 1 的动作配合行走轮 4 的脱线过程保持侧向重力平衡,如图 4.36(h) 所示。

c.行走轮 2 和行走轮 3 夹爪松开并向前行走,直到行走轮 4 可以越过转角为止,然后行走轮 1 和行走轮 4 同时落线,完成机器人的转向越障过程,如图 4.36(i) 所示。

(2)巡检机器人结构设计

根据架空线路环境要求,研制一种能够适应 500kV 高压输电线路,能够完成自主越障和上下坡运动,并且具备一定的攀爬塔架能力的巡检机器人。考虑到复杂多样的线路环境,机器人必须具有工作范围可调、动作灵活、结构紧凑简单、质量轻等特点。

1）整体机构设计

根据架空输电线路环境的特点对巡检机器人提出如下设计要求。

① 在无障碍的档段能够平稳运行，并且具备一定的爬坡能力。

② 能够跨越典型的电力金具及组合电力金具。

③ 具有良好的适应性，可以适应一些恶劣的环境条件，如大风、暴雪等。

④ 可以远程控制，实时操作机器人工作。

⑤ 工作能力可靠，能保证机器人的安全运行。

为满足设计要求，设计出了巡检机器人的三维模型，如图 4.37 所示。机器人左右完全对称，由相互串联的三个杆件、两个双轴复合转动关节、两个三轴复合转动关节、四个手臂及四个轮夹复合机构组成。双轴复合转动关节 1 位于机器人的两端，由端俯仰关节和端偏转关节组成，当两端手臂处于自由状态时，能够实现两端手臂的自转运动和俯仰运动；当两端手臂固定不动时，能够实现相连接两杆件的俯仰运动和偏转运动。三轴复合转动关节 3 位于串联的两个杆件之间，起到连接两个杆件的作用。它由中偏转关节、中俯仰关节和中手旋转关节组成，能够实现两端杆件的俯仰运动和偏转运动以及中间手臂的自转。每个手臂 2 均与由夹持机构和行走轮组成的轮夹复合机构 4 连接，夹持机构可以使手臂固定在线路上。为方便描述，从右向左的行走轮依次定义为轮 1、轮 2、轮 3和轮 4，下面的复合关节依次定义为关节 1、关节 2、关节 3 和关节 4，即关节 1 和关节 4 为双轴复合转动关节；关节 2 和关节 3 为三轴复合转动关节。

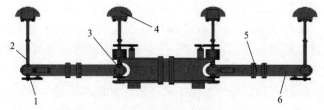

图 4.37　巡检机器人的三维模型

1—双轴复合转动关节；2—手臂；3—三轴复合转动关节；
4—轮夹复合机构；5—法兰；6—杆件

下面具体介绍巡检机器人的双轴复合转动关节和三轴复合转动关节。

巡检机器人双轴复合转动关节如图 4.38 所示。双轴复合转动关节主要驱动手臂的自转运动和俯仰运动以及杆件的俯仰运动和偏转运动。俯仰舵机 5 安装在杆件 4 上,当杆件固定不动时,可以通过齿轮啮合的运动来驱动手臂的俯仰运动;当手臂挂在输电线路上固定不动时,可以通过齿轮的公转运动带动杆件的俯仰运动,由于形成了周转轮系且杆件充当行星架的角色,可以通过齿轮齿数差在很大程度上减小舵机输出力矩。手臂自转舵机 3 可以根据固定端的不同形成杆件的偏转运动或者手臂的自转运动。

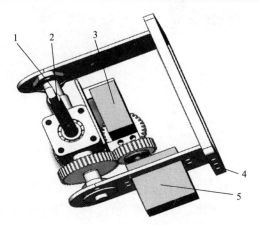

图 4.38　巡检机器人双轴复合转动关节
1—端横轴;2—手臂自转轴;3—手臂自转舵机;4—杆件;5—俯仰舵机

巡检机器人三轴复合转动关节如图 4.39 所示。三轴复合转动关节主要驱动杆件的俯仰运动和偏转运动以及手臂的自转运动。此处的运动形式与双轴复合转动关节的运动形式类似,都是可以通过固定端的不同来进行不同的运动,在此不再赘述。

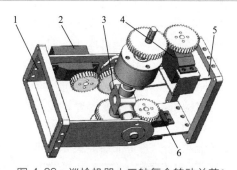

图 4.39　巡检机器人三轴复合转动关节
1—左杆件;2—俯仰舵机;3—十字轴;4—手臂自转舵机;5—右杆件;6—偏转舵机

2）轮夹复合机构设计

图 4.40 所示为巡检机器人轮夹复合机构。巡检机器人的每只手臂末端都装有轮夹复合机构，主要用于保证机器人在无障碍档段内行进时的线路适应性，以及在越障时主动夹紧输电线路，保证机器人在线运行的安全性。

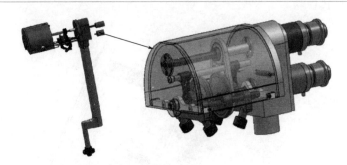

图 4.40　巡检机器人轮夹复合机构

图 4.41 所示为轮夹复合机构示意。行走驱动轴 6 与行走驱动电动机 4 相连，夹紧驱动轴 7 与夹紧驱动电动机 5 相连，两轴平行安装在基座与端板之间，行走轮 8 通过轴承套装在夹紧驱动轴 7 上，行走驱动轴 6 与行走轮 8 为带轮传动；夹紧驱动轴 7 上设有互为反螺纹的左、右螺纹，左、右夹爪 9、10 分别通过左、右两侧的圆螺母 14 及左、右两侧的套筒 15 安装在夹紧驱动轴 7 上；随动壳体位于基座 1 与端板 2 之间，前光轴 18 与后光轴 19 平行固连在随动壳体 3 上，前压线轮 20、后压线轮 21 分别安装在前光轴 18、后光轴 19 上且分别位于行走轮 8 的前、后侧；左、右圆螺母分别通过左滑块 23、右滑块 24 与导向轴 22 相连；左夹爪 9、右夹爪 10 均通过光孔与前光轴 18、后光轴 19 相连；左前压紧轮 25、右前压紧轮 27 与前压线轮 20 配合，左后压紧轮 26、右后夹紧轮 28 与后压线轮 21 配合；随动复位弹簧 29 连接在随动壳体 3 与基座 1 之间。

轮夹复合机构在线工作方式如下。

当输电线路的坡度增大时，为了增加行走轮 8 与输电线路表面的摩擦力，以满足巡检机器人的爬坡需要，此时启动夹紧驱动电动机 5，带动夹紧驱动轴 7 转动，使左、右两侧的圆螺母 14 和右圆螺母分别通过左螺纹和右螺纹逐渐靠近，进而带动左夹爪 9 和右夹爪 10 逐渐靠近，直到左前压紧轮 25 和右前压紧轮 27 将输电线路压紧在前压线轮 20 上，同时左后压紧轮 26 和右后压紧轮 28 将输电线路压紧在后压线轮 21 上，输电线路被压紧在行走轮 8 上。由于夹紧力增大，行走轮 8 与输电线路表面的摩擦力也将增大，随着行走轮 8 的转动，巡检机器人将实现在输电线路上的爬坡行进。

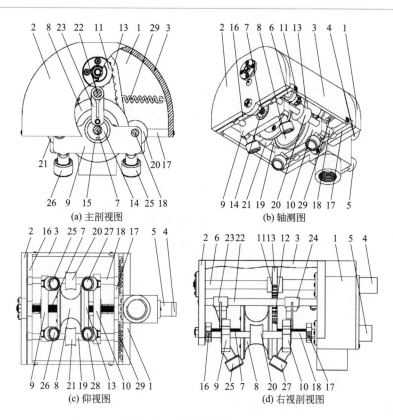

(a) 主剖视图   (b) 轴测图

(c) 仰视图   (d) 右视剖视图

图 4.41 轮夹复合机构示意

1—基座；2—端板；3—随动壳体；4—行走驱动电动机；5—夹紧驱动电动机；6—行走驱动轴；7—夹紧驱动轴；8—行走轮；9,10—夹爪；11—带轮；12—大带轮；13—同步带；14—左圆螺母；15—套筒；16—左支撑杆；17—右支撑杆；18—前光轴；19—后光轴；20—前压线轮；21—后压线轮；22—导向轴；23—左滑块；24—右滑块；25—左前压紧轮；26—左后压紧轮；27—右前压紧轮；28—右后压紧轮；29—随动复位弹簧

当巡检机器人在大坡度的输电线路上行进时，前压线轮 20 会被迫抬高，带动前光轴 18 抬高，进而带动左支撑杆 16、右支撑杆 17、随动壳体 3、左夹爪 9 及右夹爪 10 一同绕着夹紧驱动轴 7 进行自适应转动，而后压线轮 21 及后光轴 19 也会自适应随动。在此过程中，左前压紧轮 25、右前压紧轮 27 及前压线轮 20 的相对夹紧位置不会改变，左后压紧轮 26、右后压紧轮 28 及后压线轮 21 的相对夹紧位置不会改变，则夹紧力也不

会因为坡度变化而改变。

左右圆螺母 14 与驱动轴 7 螺纹配合为自锁设计，当巡检机器人在大坡度的输电线路上行进时，即使夹紧驱动电动机 5 突然断电而失去动力，圆螺母 14 也不会反向后退，使夹爪保持夹持状态，机器人能够继续停留在输电线路上。

在巡检机器人越障过程中，轮夹复合机构需要抬离输电线路，而在抬离过程中，在随动复位弹簧 29 的作用下，随动壳体 3 会被拉回到初始位置，进而使左支撑杆 16、右支撑杆 17、左夹爪 9 及右夹爪 10 同时被恢复到初始位置，保证后续巡检工作正常进行。

参考文献

[1] 李勇兵. 输电线电力铁塔攀爬机器人的研究[D]. 哈尔滨：哈尔滨工业大学，2016.

[2] Katrasnik J, Pernus F, Likar B. A Survey of Mobile Robots for Distribution Power Line Inspection[J]. IEEE Transactions on Power Delivery, 2010, 25（1）：485-493.

[3] 蔡传武. 爬杆机器人的攀爬控制[D]. 广州：华南理工大学硕士学位论文，2011：22-25.

[4] Armada M, Prieto M, Akinfiev T, et al. On the Design and Development of Climbing and Walking Robots for the Maritime Industries[J]. Journal of Maritime Research, 2005, 2（1）：9-32.

[5] Kim S, Spenko M, Trujillo S, et al. Whole body adhesion: hierarchical, directional and distributed control of adhesive forces for a climbing robot [C]. IEEE ICRA07, 2007: 1268-1273.

[6] 梁笑. 三杆四足攀爬机器人的研究和设计[D]. 沈阳：东北大学，2014.

[7] 蔡自兴. 机器人学[M]. 北京：清华大学出版社，2009：73-80.

[8] 宗光华，程君实. 新版机器人技术手册[M]. 北京：科学出版社，2007.

[9] 约翰·克雷格. 机器人学导论·第 3 版[M]. 负超，等译. 北京：机械工业出版社，2006：48-60.

[10] 韩建海，吴斌芳，杨萍. 工业机器人[M]. 武汉：华中科技大学出版社，2012.

[11] 杨靖波，李茂华，杨风利，等. 我国输电线路杆塔结构研究新进展[J]. 电网技术，2008（22）77-83.

[12] 张子博，刘荣，杨慧轩. 用于玻璃幕墙清洗的爬壁机器人的研制[J]. Automation &Instrumentation, 2016（5）：6-9.

第5章

攀爬机器人
应用系统设计

5.1　攀爬机器人应用系统组成及工作原理

　　攀爬机器人的关键技术可分为机械结构设计和应用系统设计两大类。机械结构设计及动作规划是攀爬机器人的基础，决定了机器人是否具备相应的攀爬及越障能力。机器人的应用系统是反映机器人自动化及智能化水平的关键技术，用来解决机器人的控制、电气、通信及特殊环境兼容问题。本章重点对视觉巡检用攀爬机器人的应用系统设计展开论述。

5.1.1　系统组成

　　攀爬机器人的应用系统包括机器人本体应用系统和地面基站监控系统两大部分。攀爬机器人应用系统的组成如图5.1所示。

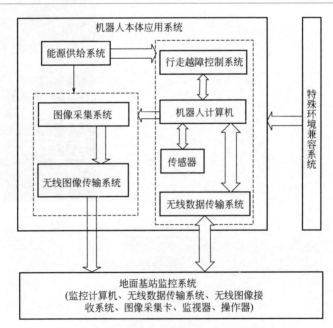

图 5.1　攀爬机器人应用系统的组成

　　其中机器人本体应用系统包括机器人计算机、无线数据传输系统、图像采集系统、无线图像传输系统、行走越障控制系统、传感器、能源供给系统、特殊环境兼容系统等，其主要任务是控制攀爬机器人在作业环境内攀爬行走，控制云台及摄像系统转动、拍摄图像，通过无线传输系统将检测到的图像信号传输至地面基站，通过无线数据通信系统与地面基站进行交互。

地面基站监控系统包括监控计算机、无线数据传输系统、无线图像接收系统、图像采集卡、监视器、操作器等，其主要任务是接收攀爬机器人传送回来的检测图像信号，实时显示并存储图像，通过无线数据传输系统远程操作攀爬机器人并且监测机器人的运行状态。

攀爬机器人应用系统各组成部分介绍如下。

① 机器人计算机。指机器人本体上安装的具有高速计算能力的电子部件，相当于机器人本体的大脑，负责接收传感器及无线数据传输系统的信号，并进行计算后对图像采集系统及行走控制系统输出控制指令，由能源供给系统供电。一般可采用 8051 内核的 51 系列单片机、基于 x86 的 PC104 模块、DSP/ARM/FPGA 芯片等作为机器人本体计算机。

② 行走越障控制系统。指机器人运动控制指令的执行系统，一般包括机器人关节驱动电动机及其控制器。攀爬机器人需要脱离地面工作，有小型化及轻量化需求，机器人多采用伺服电动机驱动运动关节，很少采用气动及液压驱动方案。

③ 传感器。指能感受到被测量信息的检测装置，为机器人计算机提供必要的检测信息。应用到攀爬机器人的传感器可包括距离传感器，红外、紫外摄像仪，光电开关，角度传感器等，当机器人处于巡检作业环境时还包括特殊环境专用的故障传感器。

④ 图像采集系统。指能够录制视频或拍摄图片的机器人应用环境的图像记录设备，通过接收机器人计算机的指令执行或终止图像采集工作。一般可采用微型摄像机、云摄像机等。

⑤ 无线图像传输系统。指将图像采集系统采集到的图像信息通过无线通信的方式传输至地面或由地面接收攀爬机器人发送的图像信息的传输设备。可采用微波开路电视传输系统等。

⑥ 无线数据传输系统。指将地面监测站的控制指令数据发送至机器人本体或将机器人本体的运动数据及检测数据发送至地面监测站的数据传输设备。可采用 2.4GHz 无线局域网、无线路由器、第三代通信系统（3G）等方案。

⑦ 能源供给系统。指为机器人本体的驱动及控制部件提供电能的系统，攀爬机器人有轻量化需求。如何处理机器人的续航能力和能源供给系统质量间的矛盾是能源供给系统面临的主要问题。一般可采用电池组、太阳能电池板、特殊环境感应取电系统等。

⑧ 特殊环境兼容系统。指当攀爬机器人的应用场景为特殊环境时（如高压线路、核工业环境、水下攀爬环境等），需要设计相应兼容系统以保障机器人的稳定运行。

⑨ 地面基站监控系统。指技术人员在地面对攀爬机器人进行操控，输入控制指令，接收采集数据的设备。由地面电源供电，包括监控计算机、无线图像传输系统、无线数据传输系统、图像采集卡、监视器、操作器（鼠标、键盘、控制手柄）等设备。

5.1.2 系统硬件选型设计

高压线路巡检作业环境是攀爬机器人的一种典型应用场景，下面主要介绍一款双臂式输电线路巡检机器人的硬件选型。双臂式攀爬机器人的应用系统设计如图 5.2 所示。

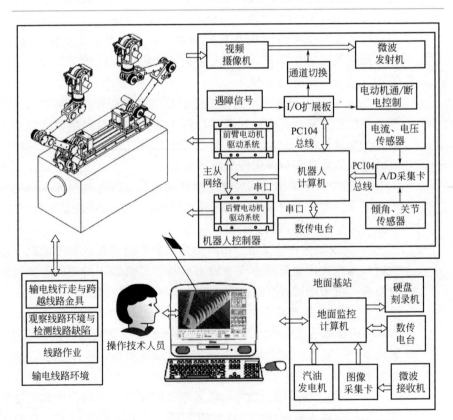

图 5.2 双臂式攀爬机器人的应用系统设计

1）机器人计算机

机器人计算机采用嵌入式计算机系统，瑞士 Digital-Logical 公司生产的工控 PC104 总线标准 CPU 模块 MSM586SV 主板（图 5.3）作为控制中心，其优点是结构紧凑、体积小。该计算机仅提供运动控制服务及视频传输开闭控制服务，图像处理及传输服务由图像传输模块直接发送信号至地面基站，减小 PC104 上 CPU 的负担，提高传感器采集信号的响应速度。

机器人计算机主板 MSM586SV 是机器人本体的核心，控制机器人行走、云台转动、摄像机调焦和采集外部信息等。MSM586SV 是一个基于 PC104 的高可靠、高集成度的 ALL-IN-ONE CPU 模块，在标准 PC104 尺寸上集成了计算机的多种功能（包括 SVGA/LCD 和网络接口）。使用 AMD Elan SC520 嵌入式处理模块，主频为 133MHz。装

图 5.3　MSM586SV 主板

有 SO-DIMM 内存插座，最大内存为 128MB，板上包含标准 PC 的一般接口，如四个 RS-232C 串行口（任选：RS-485），一个 LPT1 并行口，EIDE 硬盘接口，软盘接口，键盘/鼠标接口，USB 接口，Compact Flash 插座，电池后备＋EEPROM 双备份 Setup，电源管理，标准 CRT、平板图形显示 LCD 接口（支持 TFT、EL、STN）等。而且为嵌入式地应用在 MSM586SEV 主板上设计了一系列附加特性，使其功能大大增加。MSM586SEV 主板提供固态电子盘方式，结构为 32 管脚的 DIP 方式。采用 Disk On Chip（32Pin）固态硬盘。Disk On Chip 是 M-Systems 公司独创的一种 True Flash File System 固态电子盘，由于其独特的系统内"窗口"数据交换方式，使得 Disk On Chip 的容量大，目前单片 Disk On Chip 容量可以达到 288MB。板上的显示控制功能使用 69000 显示控制芯片，支持模拟 CRT 和 LCD 同时显示。2MB 显示内存支持 1280×1024×256 的 24 位 TFT 显示，CSTN、STN、EL、PLASAMA 等大多数知名厂家的平板显示器均可直接连接至 MSM586SEV 的平板显示接口上。另外，MSM586SEV 支持宽温工作环境，标准工作温度为 −25～+70℃。MSM586SEV 上有四个串行口，通过这四个串行口与其他各个模块通信。

2）机器人行走越障控制系统硬件选型

机器人驱动装置是将机器人的关节部件驱动至指定位置的动力源，

目前主要采用液压驱动、气动驱动和电机驱动三种驱动方式。电动机驱动具有运行平稳、精度高、结构简单、维修方便等优点,现代机器人大部分采用电动机驱动。驱动电动机可选择步进电动机或者直流伺服电动机,步进电动机驱动具有控制简单、成本低的优点,但精度较低,而巡检机器人质心调节及越障、挂线运动对精度有一定的要求;直流伺服电动机具有体积小、过载能力强、调速范围宽、低速力矩大、运动平稳的优点,且控制闭环,运动精度高。下面以机器人行走轮驱动电动机的选型计算为例,简要说明机器人驱动电动机的选型过程。

巡检机器人靠行走轮在输电线路上滚动行走,其驱动装置主要包括直流电动机、减速器、驱动齿轮、行走轮。为了增大行走轮与输电线之间的摩擦力,行走轮表面会增加聚氨酯材料。在线路上行走时,主要靠安装在复合轮爪上的行走驱动电动机的正反转来驱动行走轮的前进与后退,结合巡检机器人在线的巡检及越障过程,选取机器人越障的四个阶段来说明行走轮驱动电动机选型过程。

状态1:机器人匀速爬坡的受力分析。机器人匀速爬坡姿态及行走轮受力分析如图5.4所示。

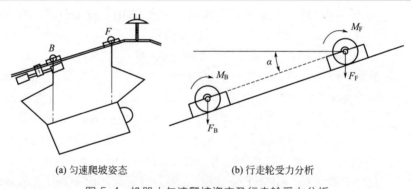

(a) 匀速爬坡姿态　　　　(b) 行走轮受力分析

图5.4　机器人匀速爬坡姿态及行走轮受力分析

图中,F_F、F_B分别为前后行走轮轴所承受的重力;M_F、M_B分别为前后臂驱动轮电动机的驱动力矩。机器人在执行巡检工作时,由于运动速度不高,且行走轮质量相对于机器人质量较小,因此可以忽略由于速度引起的阻尼力及行走轮的惯性力。可得出前后行走轮所需驱动力矩如下:

$$\left.\begin{array}{l}M_F=F_F(r\sin\alpha+\delta\cos\alpha)\\M_B=F_B(r\sin\alpha+\delta\cos\alpha)\end{array}\right\} \qquad (5.1)$$

取机器人的质量为50kg，预估 $F_F = F_B = 250N$，取线路与水平面的最大夹角 $\alpha = 50°$，滚动摩阻系数 $\delta = 0.8mm$，驱动轮与高压线的接触半径 $r = 25mm$，代入式(5.1) 得

$$M_F = M_B = 4.916N \cdot m \tag{5.2}$$

状态2：机器人越障前或越障后调整质心。

机器人在越障前，需将机器人的质心移动至后侧手臂，越障结束时其质心被移动至前侧手臂，此时在线行走轮需具备保持静止不滚动的能力。机器人越障前后姿态如图5.5所示。

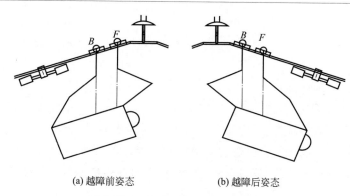

(a) 越障前姿态　　　　　　　　(b) 越障后姿态

图5.5　机器人越障前后姿态

机器人越障前姿态后侧手臂逐渐承担了机器人的全部质量，取 $F_F = 0N$，$F_B = 500N$；越障后姿态前侧手臂承担机器人全部质量，取 $F_F = 0N$，$F_B = 500N$，取其他参数取值与状态1相同。M_{ZF}、M_{ZB} 分别为前后臂驱动轮电动机的制动力矩。具体数据见表5.1。

表5.1　越障前后行走轮轴受力及制动力矩

状态	F_F/N	F_B/N	$M_{ZF}/N \cdot m$	$M_{ZB}/N \cdot m$
越障前	0	500	0	9.832
越障后	500	0	9.832	0

状态3：机器人匀速下坡姿态受力分析。机器人匀速下坡行进及行走轮受力分析如图5.6所示。

巡检机器人匀速下坡时，由于行走轮与线之间的摩擦力较小，主要靠驱动轮提供制动转矩，取计算参数与状态1相同，可得出机器人前后行走轮制动力矩如下：

$$\left.\begin{array}{l} M_{ZF} = F_F(r\sin\alpha - \delta\cos\alpha) \\ M_{ZB} = F_B(r\sin\alpha - \delta\cos\alpha) \end{array}\right\} \tag{5.3}$$

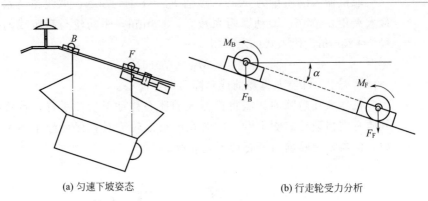

(a) 匀速下坡姿态　　　　　　　　　(b) 行走轮受力分析

图 5.6　机器人匀速下坡姿态及行走轮受力分析

可求得：

$$M_{ZF} = M_{ZB} = 4.659 \text{N} \cdot \text{m} \tag{5.4}$$

通过状态 1、状态 2、状态 3 的行走轮受力分析，并求解比较得出，机器人在线行走时驱动电动机所需提供的转矩至少为 9.832N·m。本设计选用 FAULHABER3863-036C 型直流微电动机，其性能参数见表 5.2。

表 5.2　FAULHABER3863-036C 电动机性能参数

额定转矩/N·m	额定功率/W	最高转速/(r/min)	输出效率/%	电动机质量/kg
0.11	197	8000	85	0.4

电动机配合 FAULHABER38/1 行星精密减速器（减速比 i_1 为 66，效率 η_1 为 70%，外径为 38mm，带电动机长度为 106.9mm）。

驱动齿轮的减速比 $i_2 = 2$，传动效率 $\eta_2 = 95\%$，则电动机输出的转矩为

$$M = \frac{T_{\max}}{i_1 i_2 \eta_1 \eta_2} = \frac{9832}{66 \times 2 \times 0.7 \times 0.95} = 0.112(\text{N} \cdot \text{m}) \tag{5.5}$$

此时电动机功率为

$$P = \frac{nM}{9.55\eta} = \frac{8000 \times 112}{9.55 \times 0.85} \times 10^{-3} = 110.4(\text{W}) < \text{额定功率 197W} \tag{5.6}$$

所选取电动机满足行走轮运动需求。

分析机器人夹持机构驱动电动机及各回转关节驱动电动机所需最大转矩后（具体分析过程不再赘述），机器人选取伺服驱动电动机型号见表 5.3。各直流微电动机选用 FAULHABER MCDC 3003 运动控制器，

如图5.7所示，采用CAN通信方式由机器人计算机控制。

表5.3　机器人各驱动单元伺服电动机选型及性能参数

驱动单元	电动机型号	减速器	减速比
行走轮	3863-036C	38/1	66/1
夹持机构	2642-012CR	26/1	86/1
腕关节	3242-012CR	32/3	86/1
肘关节	3257-012CR	38/1	159/1
肩关节	3257-012CR	38/1	246/1

图5.7　FAULHABER MCDC 3003运动控制器

3）传感器

机器人本体控制部分包括视觉传感器、光电传感器、红外传感器和超声波传感器、加速度计和陀螺仪传感器、微型压力传感器等，安装位置如图5.8所示。

视觉传感器用于检测高压输电线破损形式和高压输电线路上的障碍物类型。现有输电线巡检机器人主要安装摄像头及云台来监测障碍类型。

光电传感器用于检测升降机构和旋转机构运动是否到位。伺服电动机尾端装有光电传感器，作为反馈信号实现对直流电动机的伺服运动控制。同时各回转关节可安装光电传感器，用于反馈各回转关节实时回转角度。

红外传感器和超声波传感器主要用于检测巡检机器人的机械臂与障碍物之间的距离，防止机器人与障碍物发生碰撞。红外传感器和超声波传感器布置于机械臂两侧，当机械臂靠近障碍物时，红外传感器和超声波传感器发出信号，防止机器人继续运行，两种传感器安装其中一种即可。

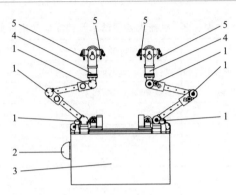

图 5.8　传感器安装位置

1—光电传感器；　2—视觉传感器；　3—加速度传感器；

4—红外超声距离传感器；　5—微型压力传感器

　　加速度计和陀螺仪传感器主要用于机器人姿态的检测和机器人运动速度的监控。当巡检机器人在某个方向的倾角大于设定的阈值时，机器人停止运动，夹紧机构和驱动机构复位，防止机器人掉落。

　　微型压力传感器主要用于检测夹紧机构施加的夹紧力，通过机器人在不同坡度下的受力分析可以得出机器人的驱动力矩、运行速度、运行加速度、夹紧力和高压输电线坡度之间的关系。通过测定机器人施加的夹紧力，可以更好地控制机器人在上坡和下坡时的运行稳定性。

　　4）图像采集系统

　　图像采集系统一般采用云台和摄像头组合的方式，选用高速球一体机 YH3070，其带有高速球形摄像机和一个全方位云台。

　　云台的特点：为室外环境设计；YH3070 为高速智能球型摄像机，内置高速预置云台及解码器。

　　高速球机芯的特点：采用步进电动机，低速运行时平稳可靠；选用美国 LITTON 导电环，保证连续工作；采用 230 倍低照度（0.02lx）彩色摄像机，具有 WDR 超级动态功能，背光极强的户外同样拥有清晰自然的图像。可拆卸的 IR 剪切滤光片（日夜自动转换功能）及数字快慢门功能，可在光照极低的条件下，使画面达到与正常照度相同的效果；通信协议公开，可接受多种主机控制，如 AD、PELCO、BAXALL、LILIN 等；水平 360°连续旋转，垂直 0°～90°旋转，并可进行 180°自动翻转。

YH3070 的通信协议采用异步半双工通信方式，云台控制器可以接收外部控制命令，其本身没有反馈输出。机器人计算机的主机与云台控制器由 RS485 总线连接。

5）无线图像传输系统

机器人采用 KD1100L 型微波开路电视传输系统，工作频率为 970～2200MHz，可以无线、同步传输一路图像信号和一路或两路伴音信号，主要用于开路电视监控系统，作为视频信号和声音信号的传输通道，所获得的图像和伴音实时、连续、无失真。利用调制解调器，KD1100L 型产品可以在传输图像信号的同时，传输一路低速率数据信号（2400bit/s/1200bit/s）。

KD1100L 型系列微波开路电视传输系统的组成及特点如下。

- 发送设备：图像发射机、直流稳压电源、发射天线。
- 接收设备：高频头、微波接收机、接收天线。
- 传输方式：点对点传输、多路视音频信号同步传输。
- 传输质量：技术性能稳定、图像清晰、伴音悦耳、无失真、图像质量优于四级。
- 抗干扰性：WFM 调制方式，抗干扰性好，不受广播电视、移动通信影响，易于加密。
- 实用性：发射机体积小，质量轻，耗电少，即装即用，免调试。
- 兼容性：可以驳接任何品牌的标准摄像机和其他视音频设备。

技术指标如下。

- 发射频率：970～2200MHz。
- 发射功率：1.0W。
- 发射机天线：鞭状天线。
- 接收机天线：定向螺旋天线。
- 传输距离：5～30km。
- 供电方式：DC 12V（发射机）/交流 220V（接收机）。
- 环境温度：−20～＋50℃。

6）无线数据传输系统

利用数据传输电台实现无线通信功能，连接机器人与地面监控系统。选用 FC-206/B 无线高速 SCADA 数据传输电台，该数据传输电台采用 GMSK 调制解调器，FEC/CRC 纠错，温补频率合成器，在较窄的频带范围（25kHz）内，实现高速数据双向传输，具有透明、包容性强的通信协议，可在网络电台工作模式、远程诊断工作模式、电台中继工作模式下工作，可实现点对点、点对多点的高级组网通信，同时具有标准的RS-232/485接口、可变的传输速率，可直接同用户单片机、PLC、RTU、GPS等数据终端或用户计算机相连。FC-206/B广泛应用于电力数据遥测、采集和监控SCADA系统、油田油井信息自动化、供电配网自动化、自来水供水和环境监测、地形测绘和地震信息传输、交通、GPS定位、彩票终端机、军事通信等领域。

特点如下。

- 耐4kV群脉冲、8kV静电，抗恶劣电磁环境，EMC性能优异。
- 采用DSP技术，工作频率范围宽、可用计算机软件置频。
- GMSK调制，数据传输速率可达9.6kbit/s。
- FEC/CRC纠错，误码率低，传输可靠。
- 内置软、硬件看门狗，有效防止CPU死机现象。
- 具有自诊断系统，可自检电台的工作参数和状态。
- 可设置为网络电台或远程站电台、中继电台使用。
- 具有RS-232/485接口信号，可直接与计算机、RTU、单片机等相连。

技术指标如下。

- 频率范围：223～235MHz。
- 信道间隔：25kHz。
- 灵敏度：$0.25\mu V$(12dB SINAD)。
- 调制类型：GMSK。
- 频率稳定性：$\pm 2.5\times 10^{-6}$。
- 空中传输速率：9.6kbit/s。
- 数据接口速率：2.4kbit/s、4.8kbit/s、9.6kbit/s、19.2kbit/s。
- 数据结构：1位为起始位，+8位为数据位，+1位为可选校验位，+1位为停止位。
- 输出功率：5W。
- 发射状态电流：$\leqslant 2A$。
- 接收状态电流：$\leqslant 100mA$。
- 发信机启动/关闭时间：$<10ms$。
- 杂波和谐波输出：$<-65dB$。
- 邻道选择性：$>65dB$。
- 输出阻抗：50Ω。

- 电源电压：13.8V（DC）±20%。
- 体积：142mm×72mm×30mm。
- 质量：1.3kg。

FC-206/B数据传输协议是一种全透明的数据传输协议，能将任何基于上层协议、数据结构的数据实时发送给对方，且不改变数据格式，不增加或减少数据位。

FC-206/B要求供电电源波纹系数小、负载能力强，当发射功率为5W时具备提供大于2.5A电流的能力。天线作为通信系统的重要组成部分，其性能直接影响通信系统的指标，在选择天线时需注意两个方面：天线类型和天线电气性能。应注意天线类型是否符合系统设计中电波覆盖的要求，天线的频率带宽、增益、额定功率等电气指标是否符合系统设计要求。输电线巡检机器人要在架空线路上行走，考虑到高压环境下的电磁屏蔽，机器人本体数据传输电台FC-206/B天线选用0dB全向鞭状天线；地面基站的位置相对固定，选用大增益的全向天线（9dB玻璃钢全向天线）。

7）地面监控系统

地面基站由一台汽油发电机、一个地面控制箱、一台监控计算机及数据传输天线和微波螺旋天线组成。地面控制箱安装有数据传输电台、微波接收机及数字硬盘录像机，分别用于无线通信和视频录像。通过微波接收机和螺旋天线接收机器人返回的图像，通过数据传输电台和数据传输天线发送机器人控制指令并接收机器人反馈的信息，整个地面基站的工作电源由汽油发电机供应。地面基站的核心选用ACME公司生产的便携式工业用控制计算机，分别通过串口连接数据传输电台，通过图像采集卡连接微波图像接收机，机器人返回的图像在监视器回放显示，并刻录到数字硬盘录像机。通过该工控机实现控制指令的输入、机器人运动规划及对接收到的机器人反馈信息进行显示或报警。

5.2 机器人控制系统设计

5.2.1 控制系统工作原理

一般攀爬机器人控制系统的工作原理如图5.9所示。攀爬机器人控制系统由机器人本体控制系统和地面控制系统两部分组成。

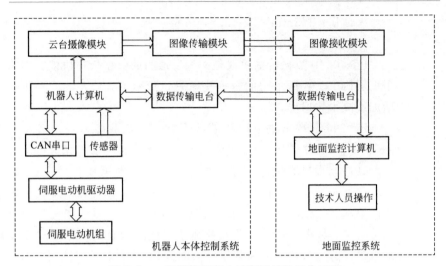

图 5.9 一般攀爬机器人控制系统的工作原理

机器人本体控制系统的机器人计算机作为控制系统核心，通过 CAN 总线或者串口与伺服电动机驱动器实现数据交互，发送伺服电动机控制指令，实现机器人的攀爬行进运动。机器人计算机单方面接收机器人本体上传感器的信号，通过自身专家系统或由地面技术操作人员分析后控制伺服电动机及云台摄像模块的运行。机器人计算机对云台摄像模块发送单方向控制信号，所得图像通过图像传输模块传送至地面监控系统的图像接收模块，随后由地面监控计算机显示或存储。机器人通过数据传输电台与地面监控计算机实现数据交互，完成地面监控人员对机器人运行状态的监测及实时控制。本章介绍的攀爬机器人均采用图 5.9 所示工作原理。

攀爬机器人控制系统未来将向自主化、智能化的方向发展，随着视觉识别技术、AI 技术的不断进步，机器人将具备更强的自主攀爬越障能力，届时攀爬机器人可采用图 5.10 所示工作原理。机器人计算机将装载专家级图像分析系统，实现云台摄像模块与机器人计算机的实时交互，机器人根据图像信息确定下一步的攀爬步态，此时图中所示数据、图像传输模块可在机器人无法做出自主判断或巡检发现环境缺陷时传输数据及图像；否则完全自主运行。当智能自主运行技术、大容量数据存储设备成熟时，可能实现机器人本体的完全自主运行，无需数据传输系统、图像传输系统及地面监控系统。

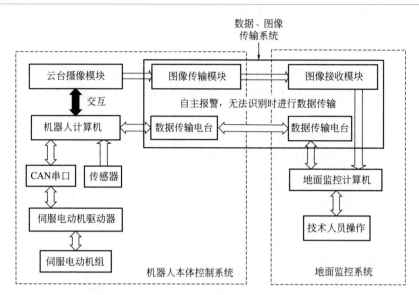

图 5.10 未来攀爬机器人控制系统工作原理

由于攀爬机器人的工作环境复杂多变，视觉图像信息量巨大，智能识别过程将面临计算时间滞后、CPU 计算能力受限、RAM 内存受限、专家系统体系过于复杂、多变结构环境视觉识别难度大等问题，现有攀爬机器人还无法实现完全的自主运行。

5.2.2 越障规划软件系统设计

攀爬机器人的工作环境大多是未知的，工作任务如灾难救援、架空线路巡检等，由于机器人自身感知系统的不充分性和不可建模的环境因素，机器人的完全自主运动控制非常困难。攀爬机器人因结构特点不同而具有不同的越障序列，序列之间具有严格的顺序性，如果误操作，会带来严重的越障干涉及安全问题。同时序列步骤较多，不方便技术人员记忆和进行控制。考虑到工作环境、攀爬机器人的机构特点和操作的方便性三方面因素，进行攀爬机器人的运动规划研究，设计基于运动规划方法的操作软件系统，对提高机器人安全性和工作效率具有非常重要的意义。

攀爬机器人攀爬越障规划的目标是统一描述复杂的越障运动，形成体系化的表达方式，以便于实现自动推理，达到提高机器人自动越障能力的目的，使其根据环境条件和障碍类型选择合适的运动模式，并完成跨越障碍物。机器人需要根据传感信息自动适应环境因素的改变，并具有评估自身安全状态的能力；根据机器人携带的视觉和位姿等外部传感器对环境中的障碍类别和环境条件的优劣进行判断，给出运动模式；根据当前姿态和运动目标，结合运动学模型，给出下一步动作；根据机器人与人的任务分配，机器人完成自动任务，并接受远程监控。下面运用有限状态机（Finite State Machine，FSM）理论，简要介绍一款双臂式输电线路巡检机器人的巡检越障行为模型和运动规划系统。

1）DEDS 监控理论

攀爬机器人越障运动过程复杂，适合用离散事件动态系统（Discrete Event Dynamic Systems，DEDS）监控理论进行分析。DEDS 是指由离散事件按照一定的运行规则相互作用而导致系统状态演化的一类动态系统。Ramadge 和 Wonham 等[1,2] 提出了基于自动机的 DEDS 监控理论，研究事件和状态相互作用与演化关系，是在逻辑层次上对 DEDS 实施控制的一种有效方法，其理论背景源于计算机科学的形式语言[3]。系统中被控对象（plant）的可能行为可通过数学模型加以描述，系统的控制规定（specification）描述了期望的部分或全部执行行为。监控器（supervisor）的作用是与被控对象交互，形成的闭环系统能满足规定的行为。其特征如下。

① 被控对象和监控器都被建模成统一的形式，如 Petri 网和 FSM，使得相互间的交互易于形式分析和综合，同时避免了因直觉设计监控器导致错误产生。

② Petri 网或 FSM 表达的模型作为统一格式处理来自感知、动作、通信计算的事件，可以方便、直接地转换成可执行代码（如 C 语言）。

③ 通过对模型的计算（如在 FSM 中同步积、顺序积、条件积）可实现复杂任务的组合，形成任务级编程。

FSM 方法具有中等的智能，较易实现反应行为，可以方便地将基于传感器和基于专家系统的规划方法连接起来，而且便于自动控制编程。

2）机器人越障过程建模

以双臂式输电线巡检机器人为例来说明攀爬机器人越障过程建模。对于工作在遥控与局部自主模式下的架空输电线路巡检机器人，地面操作员不在架空线路现场，机器人运动过程中可能会与周围环境碰撞而带来安全性问题。对于上述问题，采用地面操作员、监控器、巡检机器人分布式交互合作的监控结构加以解决，如图 5.11 所示。监控器 S 控制巡检机器人 P 自动完成一部分运动任务，地面操作员 C 可以根据任务完成情况对巡检机器人 P 施加事件控制、传感器信息监测及处理突发事件，以确保机器人运动安全。地面操作员 C 通过监控器 S 与巡检机器人 P 进行交互，监控器 S 实际上同时管理了巡检机器人 P 和操作员 C 的行为。为了保证操作员发出的指令能被可靠地执行，操作员的命令被处理成一类特殊的不能控事件，因此可采用 I/O 监控模式同步地面操作员、监控器、巡检机器人的行为。

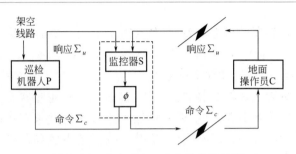

图 5.11 分布式交互合作的监控结构

① 地面操作员监督与控制逻辑模型。

在巡检机器人越障运动过程中，地面操作员作为一个特殊的实体，具有"感知-动作"行为特征。为了充分发挥机器人自身感知与应激能力，更好地融合人的智能，实现对机器人的有效控制，地面操作员需要能够在任何时候与机器人系统进行各种层次上的交互，发布控制命令，请求原始的传感器数据供监督，以及规定更抽象的操作导航任务。将地面操作员事件建模成一类特殊的不可控事件，其自动机模型如图 5.12 所示。

该模型的状态集 $Q = \{S_1, I_1\}$，初始状态 $q_0 = S_1$，终止状态集 $Q_m = \{I_1\}$，事件集 $\Sigma = \{s_1, i_1\}$，受控事件集 $\Sigma_c = \phi$，非受控事件集 $\Sigma_u = \{s_1, i_1\}$，操作员发送的事件命令必须是机器人能识别的事件。S_1 表示操作员处于监督状态（主动查询传感数据或接受运动状态反馈）；I_1 表示操作员处于介入状态（发布巡检机器人运动控制指令）；s_1 表示运动指令发送事件；i_1 表示机器人状态反馈事件。

② 机器人越障过程逻辑模型。

巡检机器人在执行检测任务和修补作业时，首要任务是能够在输电线上行走并安全可靠地跨越线路上的金具等障碍。机器人在越障过程中，利用传感器执行部分自动动作，并通过信息反馈或动作确认请求地面操作员监控。其越障过程的自动机模型如图 5.13 所示。

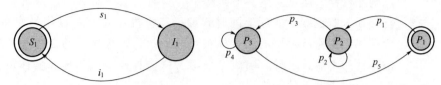

图 5.12 地面操作员监控自动机模型   图 5.13   机器人越障过程的自动机模型

该模型的状态集 $Q = \{P_1, P_2, P_3\}$，初始状态 $q_0 = P_1$，终止状态集 $Q_m = \{P_1\}$，事件集 $\Sigma = \{p_1, p_2, p_3, p_4, p_5\}$，非受控事件集 $\Sigma_u = \{p_1, p_4, p_5\}$，受控事件集 $\Sigma_c = \{p_2, p_3\}$。P_1 表示机器人就绪状态；P_2 表示机器人越障准备状态；P_3 表示机器人越障状态。p_1 表示机器人外部环境感知事件；p_2 表示机器人运动执行请求事件；p_3 表示操作员控制执行应答事件；p_4 表示机器人内部姿态感知事件；p_5 表示机器人运动状态回传事件。

③ 监控与自主复合行为模型。

利用同步积复合运算，可以得到在地面操作员监控下的巡检机器人自动越障过程的自动机模型，如图 5.14 所示。图中上半部分（M_1、M_3、M_5 状态）对应地面操作员监督机器人运行状态；下半部分（M_2、M_4、M_6 状态）对应地面操作员介入机器人控制状态。

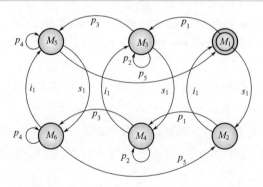

图 5.14   地面操作员监控下的巡检机器人自动越障过程的自动机模型

3）越障规划模型

输电线路巡检机器人的主要作业任务如下。

① 沿架空地线上行走，根据地面基站的控制信息调整摄像头观测角度及观测视野，在检测到线路目标后停止行走并采集缺陷信息。

② 当巡检机器人运动到杆塔附近时，可以通过操作者的遥控与机器

人的局部自主控制下跨越线路金具（如防振锤、双悬垂线夹、单悬垂线夹、压接管等），接着进行下个档距的线路检测。

为了便于实现机器人自主控制与操作者遥控相结合，设计了巡检机器人作业任务有限状态机模型。在运行过程中机器人一直处于某一特定状态，因此，机器人的总体工作过程可以用以下状态机来描述。

巡检机器人工作过程主要划分为7个状态：q_0为就绪状态；q_1为行走状态；q_2为检测与作业状态；q_3为遇障状态；q_4为越障状态；q_5为下线状态；q_6为出错状态。

$$Q=\{q_0,q_1,q_2,q_3,q_4,q_5,q_6\},Q_m=\{q_5,q_6\}$$

式中，q_0表示地面测试完毕后机器人吊装在架空地线上，准备接收并执行指令；q_1表示机器人在输电线上滚动行走，并通过摄像头监测自身运动状态和环境信息；q_2表示调整云台位姿对目标进行精确观测并采集疑似故障点图像；q_3表示机器人遇障停止，调整位姿准备越障；q_4表示机器人利用轮臂机构越障；q_5表示机器人完成检测或作业任务后停靠在杆塔附近等待工作人员取下；q_6表示通信中断、驱动器或传感器故障及断电等异常处理。

巡检机器人工作过程转换状态机如图5.15所示，δ_{ij}表示状态q_i到q_j的转移函数。以巡检机器人工作流程和故障处理为主线，作业任务状态转移函数如表5.4所示。其中，$\delta_{0,1}$为行走指令事件，使机器人由就绪状态转换为行走状态；$\delta_{0,2}$为巡检指令事件，使机器人转换到巡检状态；$\delta_{0,3}$为遇障使能事件，使机器人自动转换到遇障状态；$\delta_{0,4}$为越障指令事件，使机器人转换到越障状态；$\delta_{0,5}$为准备下线指令事件，使机器人移动到就近杆塔处，转换到下线状态；$\delta_{1,2}$为巡检指令事件，使机器人转换到行走巡检状态；$\delta_{1,0}$为停止指令事件，使机器人从行走状态转换到就绪状态；$\delta_{3,4}$为越障允许指令事件，使机器人转换为越障状态；$\delta_{4,0}$为越障动作完成事件，使机器人自动由越障状态转换为就绪状态；$\delta_{1,6}$为行走状态出错事件；$\delta_{2,6}$为检测与作业状态出错事件；$\delta_{3,6}$为遇障状态出错事件；$\delta_{4,6}$为越障状态出错事件；$\delta_{5,6}$为下线状态出错事件，使机器人自动转换到安全保护状态。

表 5.4　作业任务状态转移函数

函数	$\delta_{0,1}$	$\delta_{0,2}$	$\delta_{0,3}$	$\delta_{0,4}$	$\delta_{0,5}$	$\delta_{5,6}$	$\delta_{1,2}$
转移	$q_0{\rightarrow}q_1$	$q_0{\rightarrow}q_2$	$q_0{\rightarrow}q_3$	$q_0{\rightarrow}q_4$	$q_0{\rightarrow}q_5$	$q_5{\rightarrow}q_6$	$q_1{\rightarrow}q_2$
函数	$\delta_{1,0}$	$\delta_{3,4}$	$\delta_{4,0}$	$\delta_{1,6}$	$\delta_{2,6}$	$\delta_{3,6}$	$\delta_{4,6}$
转移	$q_1{\rightarrow}q_0$	$q_3{\rightarrow}q_4$	$q_4{\rightarrow}q_0$	$q_1{\rightarrow}q_6$	$q_2{\rightarrow}q_6$	$q_3{\rightarrow}q_6$	$q_4{\rightarrow}q_6$

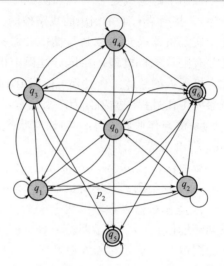

图 5.15　巡检机器人工作过程转换状态机

4）基本越障模式建模

　　基于第 2 章所述双臂巡检机器人构型，机器人可通过蠕动和旋转两种基本越障模式跨越线路上的金具。下面以蠕动模式为例来说明越障建模过程，机器人越障模式姿态可分为图 5.16 所示三种。

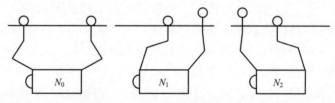

图 5.16　机器人越障模式姿态

　　蠕动越障模式中机器人状态集合为

$$Q = \{N_0, N_1, N_2\}, q_0 = N_0, Q_m = \{N_0\}$$

　　式中，N_0 表示机器人双轮在线姿态；N_1 表示前臂升起姿态；N_2 表示后臂升起姿态。

　　图 5.17 为蠕动越障模式状态转换图，以正向越障为例，其状态转移与监控函数如表 5.5 所示。其中，$\delta_{0,0}$ 为双轮在线运动；$\delta_{1,1}$ 为前臂升起运动；$\delta_{2,2}$ 为后臂升起运动；$\delta_{0,1}$ 表示前臂遇障停止；$\delta_{0,2}$ 表示后臂遇障停止；$\delta_{1,0}$ 为前臂行走轮自动对齐输电线运动；$\delta_{2,0}$ 为后臂行走轮自动

对齐输电线运动；$\zeta_{01,H}$ 表示双轮在线姿态转换到前臂升起姿态，返回障碍类型、移动位置和越障模式信息供监督；$\zeta_{10,H}$ 表示前臂升起姿态转换到双轮在线姿态，返回轮臂自动抓线信息供监督；$\zeta_{H,02}$ 表示急停或确认运动模式和位姿合适事件；$\zeta_{H,20}$ 表示急停或确认轮臂抓线可靠事件。

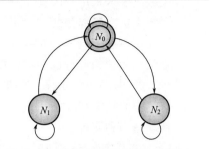

图 5.17　蠕动越障模式状态转换图

表 5.5　蠕动越障模式状态转移与监控函数

函数	$\delta_{0,0}$	$\delta_{1,1}$	$\delta_{2,2}$	$\delta_{0,1}$	$\delta_{1,0}$	$\delta_{0,2}$	$\delta_{2,0}$	
转移	$N_0{\to}N_0$	$N_1{\to}N_1$	$N_2{\to}N_2$	$N_0{\to}N_1$	$N_1{\to}N_0$	$N_0{\to}N_2$	$N_2{\to}N_0$	
函数	$\zeta_{01,H}$	$\zeta_{10,H}$	$\zeta_{02,H}$	$\zeta_{20,H}$	$\zeta_{H,01}$	$\zeta_{H,10}$	$\zeta_{H,02}$	$\zeta_{H,20}$
监控	$N_0{\to}N_1$ 返回	$N_1{\to}N_0$ 返回	$N_0{\to}N_2$ 返回	$N_2{\to}N_0$ 返回	$N_0{\to}N_1$ 控制	$N_1{\to}N_0$ 控制	$N_0{\to}N_2$ 控制	$N_2{\to}N_0$ 控制

5.2.3　人机交互软件系统设计

攀爬机器人工作在架空环境中，需通过无线方式与地面基站通信，现在多采用局部自主与遥控相结合的方式进行运动控制。因此，设计一种用户友好的人机交互接口在提高机器人操作性能方面十分必要。

人机共存的控制系统的应用越来越普遍，并正在成为一种趋势。在这样的系统中，人机交互是系统的重要组成部分，由此产生的问题对系统的可行性和安全性提出了更高的要求[4]。本质上，这类系统是一种混杂动态系统（Hybrid Dynamic System，HDS），体现在以下两方面。

① 系统内存在两类性质不同的变量：机器人运行过程中的连续变量和人机交互过程中的离散（事件）变量。这两类变量（事件）相互作用，共同驱动整个系统的演化。

② 人机交互在形式上归结为这两类变量（事件）的相互作用，即机器人运行过程中的连续变量穿越阈值或人机交互过程中人为触发离散（事件）变量，决定离散（事件）变量的使能与否。离散（事件）变量的使能与否决定着连续变量的状态轨迹。

（1）人机交互设计的主要步骤

① 调查用户对交互的要求或环境。判断一个系统的优劣，很大程度

上取决于未来用户的使用评价，因此在系统开发的最初阶段要尤其重视系统人机交互部分的用户需求。必须尽可能广泛地向未来的各类直接或潜在用户进行调查，也要注意调查人机交互涉及的硬、软件环境，以增强交互活动的可行性和易行性。

② 用户特性分析。调查用户类型，定性或定量地测量用户特性，了解用户的技能和经验，预测用户对不同交互设计的反响，保证软件交互活动适当和明确。

③ 任务分析。同时从人和计算机两方面入手，分析系统交互任务，并划分各自承担或共同完成的任务；然后进行功能分解，制定数据流图，并勾画出任务网络图或任务列表。

④ 建立交互界面模型。描述人机交互的结构层次和动态行为过程，确定描述图形的规格、说明语言的形式，并对该形式语言进行具体定义。

⑤ 任务设计。根据来自用户特性和任务分析的交互方式的需求说明，详细分解任务动作，分配到用户、计算机或二者共同承担，确定适合用户的系统工作方式。

⑥ 环境设计。确定系统的硬、软件支持环境带来的限制，甚至包括了解工作场所、向用户提供各类文档等。

⑦ 交互类型设计。根据用户特性及系统任务和环境，制定最合适的交互类型，包括确定人机交互的方式、估计能为交互提供的支持级别、预计交互活动的复杂程度等。

⑧ 交互设计。根据交互规格的需求说明、设计准则及所设计的交互类型，进行交互结构模型的具体设计，考虑存取机制，划分界面结构模块，形成交互功能结构详图。

⑨ 屏幕显示和布局设计。首先制定屏幕显示信息的内容和次序，然后进行总体布局和交互元素显示结构设计，具体内容包括：根据主系统分析，确定系统的输入和输出内容、要求等；根据交互设计，设计具体的屏幕、窗口和覆盖等结构；根据用户的特性和需求，确定屏幕上交互元素显示的适当层次和位置；详细说明屏幕上显示的数据项和信息的格式；考虑标题、提示、帮助、出错等信息；修改或重新设计用户测试中发现的错误和不当之处。

⑩ 屏幕显示和细化设计。在屏幕显示和布局设计的基础上，进行美观方面的细化设计，包括为吸引用户的注意所进行的增强显示的设计，如采取运动（闪烁或改变位置）、改变形状、大小、颜色、亮度、环境等特征（如加线、加框、前景和背景反转），增加声音等手段；颜色设计；显示信息、使用略语等的细化设计等。

⑪ 帮助和出错信息设计。决定并安排帮助信息和出错信息的内容，组织查询的方法，并进行出错信息、帮助信息的显示格式设计。

⑫ 原型设计。在经过系统初步需求分析后，开发人员在较短时间以较低代价开发出一个满足系统基本要求的、简单的、可运行系统。该系统可以向用户演示系统功能或供用户试用，让用户进行评价并提出改进意见，进一步完善系统的规格和软件设计。

⑬ 交互系统的测试和评估。开发完成的交互系统必须经过严格的测试和评估。评估可以使用分析方法、实验方法、用户反馈及专家分析等方法。可以对交互的客观性能进行测试，或者按照用户的主观评价及反馈进行评估，以便尽早发现错误，改进和完善交互系统的设计。

（2）人机交互系统应具有的特征

① 安全性。安全性包括两个方面，一是机器人不能对环境造成危害或者伤害人；二是机器人自身的安全性，能够自救或者进入安全状态。因此，人机界面应该具有安全监视窗口，并不断检测或诊断机器人的安全状况，预测可能发生的危险。在发生危险时能够及时报警，并能够自动采取必要的安全措施，防止事故的扩大。具有阻止操作员违规操作的措施，或者对一些可能产生危险的操作进行提示和确认，防止操作员由于疲劳和紧张而做出错误的动作。设置在任何时刻都可以紧急停机的专用按钮，将机器人设计成失败时进入安全状态和可恢复状态。

② 完整性。在组织画面时，与机器人当时所做工作的性质、模式和内容有关的信息应该同时显示在一个画面上，以便操作员全面掌握机器人所处的环境及机器人的运动姿态、方向和速度，不能要求操作员频繁切换画面。应根据机器人当前事务执行的不同阶段，设计一个主导画面。不同画面的组织应该具有层次，切换方便。

③ 专业性。目前许多人机界面是供机器人设计和研究人员使用的，画面显示内容简单，不直观，输入命令不方便，甚至出现难懂的机器人专业术语或者传感器的原始输出数据。专业性则要求根据机器人的特定应用场合，确定人机操作界面的组织方式、显示内容，以及输入设备时使用的命令和输入方式。

④ 直观性。系统的推理机制应该与操作员智力模型相匹配，远程操作机器人的方法应该与直接控制机器人类似，如在用户操纵单元上设置类似方向盘的方向控制器或者操纵杆来控制机器人的移动；设置模拟旋钮控制机械手的关节角度、摄像头的视角和俯仰角度等。系统能为操作员提示下一个动作的选择，提供并行执行某些动作的机制，以及方便操作员采用以前的输入数据或者控制输出数据，不同画面中的输入与输出

信息的布局、色彩、控制命令输入方式和信息表达形式等应该尽可能一致，这就使得操作员能很快掌握机器人的操作控制方法，容易掌握新功能，降低误操作率。

⑤ 适应性。野外环境是多种多样的，可能是明亮的或者昏暗的，潮湿的或者干燥的，也或者具有强电磁干扰、空气中充满粉尘；操作员所处的环境也是复杂多变的，而且可能需要穿戴厚厚的防护服和大手套，这些都要求所设计的人机操作界面具有较高的环境适应性。

（3）人机交互系统功能需求

根据以上巡检机器人运行原理与人机交互功能的分析，我们以巡检机器人地面基站人机交互系统的功能需求为例进行讲解。

① 远程监视功能。

远程监视功能是指利用机器人携带的传感器传回机器人周围环境数据、机器人姿态数据、机器人状态数据等，具体如下。

a. 环境监视。环境监视既包括确保机器人安全运行所需的环境信息，又包括对输电线路的缺陷检查。环境监视主要通过视觉感知，用于回传线路环境图像和控制机器人运动的视觉反馈图像、目标识别与定位，为巡检机器人越障规划提供信息。

b. 巡检机器人姿态监视。包括巡检机器人倾斜角度、行走系统速度与安全保护状态、两个越障手臂的关节位姿、质心调整机构的位置等数据的监测，这些数据用于巡检机器人的行走和越障控制。

c. 巡检机器人运行状态监视。对巡检机器人正常工作状态进行监视，包括工作电压和电流、电池剩余电量、行走角度报警、通信状态检查等。

② 运动控制功能。

线路巡检工人需要通过运动控制接口，根据不同的运动模式对巡检机器人进行直接运动控制，还需要对巡检机器人进行位姿调整控制；再次，需要通过辅助越障规划功能对机器人进行自动越障控制；最后，需要通过云台控制功能进行机器人环境监视和线路的监测。直接运动控制包括行走控制、手臂控制、质心调整控制及两臂间距控制等；姿态调整控制包括关节复位控制、箱体水平控制、模块动作、机器人构型变换控制等；自动越障控制包括跨越压接管、防振锤、单线夹、双线夹及耐张导轨控制等；图像检测控制包括云台视角调整、云台速度设置、图像切换、图像放缩、光圈与聚焦控制、采集图片、视频捕获等。

③ 信息管理功能。

为了实现上述对机器人监控与控制接口的功能，对其中的数据流进行管理。另外，为了达到巡检机器人对输电线路进行缺陷检测和作业的目标，需要对线路缺陷诊断与线路结构等数据流进行管理。机器人信息包括机器人建模模型数据、运动学数据、单元运动数据、机器人姿态与状态数据、障碍图像数据、抓线图像数据等；检测与作业信息包括输电线路结构数据、标准缺陷数据、疑似缺陷图像等。

（4）人机交互系统设计

① 软件及交互框图。

设计地面工控机的系统为 Windows 操作系统，人机接口界面是用VC++6.0开发的 GUI 程序，采用多线程任务编程方式，串口读写等操作均运行在辅助线程中。人机接口界面开发所需的其他系统级支撑软件有数据库软件 SQL Server，虚拟建模库 OpenGL，计算和仿真软件MATLAB，三维建模、结构有限元分析及动力学仿真软件 SolidWorks，专家系统推理工具 CLIPS。

采用可编程的软件界面方式，能够简化交互界面开发中控制按钮与显示信息增减带来的开发成本，而且通过 VC 程序能够方便地驱动硬件，充分地发挥软件和硬件的能力，具有很强的灵活性，方便操作。

巡检机器人地面基站软件系统按功能可划分为人机交互界面、控制驱动层和信息处理层三部分，如图 5.18 所示。

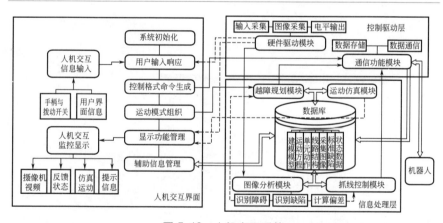

图 5.18　人机交互系统

人机交互界面的功能是输入指令对机器人进行控制，并通过图像和传感器的反馈信息对机器人运动及健康状态进行监控。人机交互界面具有系统初始化、用户输入响应、控制格式命令生成、运动模式组织、显示功能管理和辅助信息管理六类功能。控制驱动层的功能是与硬件进行信息交换，驱动硬件完成指定的操作。控制驱动层主要包括通信功能模块和硬件驱动模块。信息处理层的功能是根据采集的图像、机器人关节及状态传感器的信息，进行障碍目标的判别、姿态关系的求解，并以此进行越障规划和机器人运动仿真。信息处理层主要包括图像分析模块、运动仿真模块、越障规划模块、抓线控制模块和数据库。

② 交互界面设计。

人机交互界面用于人与机器的信息交互，其功能模块直观地显示在监控主界面上，如图5.19所示。通过在人机交互界面上划分不同的功能区域模块，实现地面基站的控制、显示和规划处理功能。界面主要包括运动功能模块、图像功能模块、信息反馈功能模块、越障规划功能模块及辅助功能模块等，如图5.19(a)所示。运动功能模块主要包括行走控制、手臂控制与质心控制，位于主界面右侧中部区域。图像功能模块主要包括摄像机切换、云台控制与图像控制，位于主界面的右上与左中部。信息反馈功能模块主要包括图像显示、传感数据查询、动作完成信息与状态信息反馈。图像显示功能区用于显示轮臂落线图像与巡检监控图像，一共有3组视频、5个摄像机。传感查询与状态反馈功能区包括查询机器人各关节运动数据、剩余电量，行走轮遇障状态、夹爪开合状态、倾角状态、电量状态，通信建立、关节动作是否完成信息提示功能。

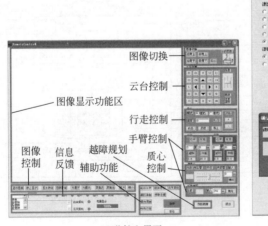

(a) 监控主界面

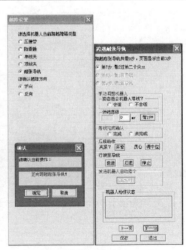

(b) 越障规划界面

图 5.19　人机交互界面

辅助功能模块位于主界面下侧中部区域，主要包括急停操作、参数设置与机器人运动调整控制。参数设置功能用于设置机器人点动行走步长、自动越障调整中行走速度、闭合夹紧电流、剖分打开角度、剖分上升距离等默认参数。机器人运动调整控制包括箱体水平功能、特殊行走功能、模块动作功能、关节复位功能和调整手臂功能。模块动作功能用于实现两臂回转和伸缩联动控制，上下线联动控制及质心与夹紧轮联动，两臂伸缩与夹紧联动控制功能。关节复位功能用于机器人手臂旋转和伸缩关节、箱体质心关节及双臂间距的复位控制。调整手臂功能，调为同侧是在机器人跨越侧接耐张导轨时，将机器人后臂调整到与前臂相同一侧；调为异侧是当机器人越障结束后恢复先前的位姿状态。

如图5.19(b)所示，越障规划功能模块主要包括跨越压接管、防振锤、单线夹、双线夹和耐张导轨的运动规划。自动越障功能用于辅助进行机器人全自主或局部自主越障功能的控制。越障规划模块采用弹出界面方式，单击主界面的"自动越障"按钮，弹出如图5.19(b)左侧的"越障设置"对话框。选择跨越的障碍类型和越障方向，会弹出相应的越障规划对话框，如图5.19(b)右侧所示是巡检机器人跨越耐张导轨第7步的运动规划。规划中主要包括三个方面的内容：第一是机器人轮臂落线的运动规划；第二是机器人状态调整运动规划；第三是给出机器人单元动作控制命令。在规划对话框下方的矩形框中显示了动作规划完成与否的信息。越障规划功能模块能帮助线路工作人员进行机器人越障运动的规划，提高操作的质量和效率，降低误操作率。

③ 控制驱动设计。

控制驱动层属于底层功能模块，不显示在接口界面上，但却为人机交互的顺利实现提供了硬件基础，使软件的功能得以物理实现。

a. 驱动软件设计。

硬件驱动模块作为底层的功能模块，其作用是实现与硬件的交互操作，主要操作是图像采集卡进行录像、存储图像及读取图像。另外，控制驱动模块还可以驱动数据采集卡采集手柄的控制信号，进行摄像机云台和机器人的运动控制。以下给出部分图像采集卡驱动函数及数字I/O卡驱动函数。

图像采集卡驱动函数：

```
HANDLE WINAPI okOpenBoard(long*iIndex);
```

功能：打开图像采集卡。

```
BOOL WINAPI okCloseBoard(HANDLE hBoard);
```

功能：关闭图像采集卡。

```
BOOL WINAPI okStopCapture(HANDLE hBoard);
```

功能：关闭采集图像。

```
Long WINAPI okSaveImageFile(HANDLE hBoard,LPSTR szFileName,long
first,TARGET target,long start,long num);
```

功能：从源目标体存图像窗口（RECT）到硬盘，存盘完成后返回。

```
BOOL WINAPI okCaptureTo(HANDLE hBoard,TARGET target,LONG wParam,
LPARAM lParam);
```

功能：采集视频并输入到指定目标体。

数字 I/O 卡驱动函数：

```
HANDLE DeviceOpen();
```

功能：打开数字 I/O 卡。

```
BOOL DeviceClose(HANDLE m_DeviceHandle);
```

功能：关闭数字 I/O 卡。

```
int ReadInput(int InputN);
```

功能：在通道 InputN 输入状态并返回。

```
BOOL WriteOutput(int OutputN,int OutputValue);
```

功能：在通道 OutputN 输出控制电平。

b. 通信软件设计。

通信功能模块作为辅助线程同步运行，用于指令写入或读出数据传输电台，并可将控制指令与机器人的反馈信息在系统时间下记录到数据库，作为机器人健康状态与运动规划的依据。

采用微软提供的 MSCOMM 控件编写通信接收程序。调用 GetCommEvent（）函数获取串口接收状态；调用 GetInput（）函数读取接收缓冲区数据。编写发送数据线程函数，实现控制指令的发送，该线程在程序初始化时运行，程序退出时终止。函数原型为 UINT CQuanjubl::SendDataThread（LPVOID pParam）。

④ 信息处理设计。

信息处理层属于隐式功能模块，为人机交互的顺利实现提供了信息基础，为仿真运动、越障规划与抓线控制提供数据。

　　a.图像分析软件设计。

　　图像分析模块作为机器人运动规划与缺陷检测的信息处理模块，对采集的图像进行灰度化转换，对图像中的噪声点进行滤波去除，对图像中的目标物体进行分割。着重对图像像素的几何特征进行数据计算，提取特征向量进行障碍目标（防振锤、悬垂线夹等）的判别，为运动规划模块提供输入数据。通过识别行走轮与输电线，进行二者位姿偏差关系的解算，为视觉抓线控制模块提供数据。

　　b.运动仿真软件设计。

　　运动仿真模块作为人机交互的一个运动反馈功能模块，根据机器人关节传感器的反馈信息，进行机器人实时的运动仿真，对辅助现场操作很有用处。运动仿真模块通过 OpenGL，结合 SolidWorks 建模的模型，进行机器人运动场景的构建，根据数据交换模块提供的信息进行模型的仿真运动。

　　c.越障规划软件设计。

　　越障规划模块是信息融合的一个底层辅助处理模块。其作用主要是读取数据库中的线路结构和金具尺寸数据，根据图像分析模块的判别结果，选择适当的运动模式，完成指定的运动规划任务。运动模式是根据特定的机器人位姿编写的越障运动序列和关节模块动作，作为单元动作数据库进行存储。另外，推理判断模块能根据机器人电量监控数据及当前关节数据给出机器人健康和安全状态的评价。

　　针对巡检机器人控制系统的特点，开发了巡检机器人运动控制扩展接口动态链接库——Ape32.dll，包括关节控制函数、云台控制函数、传感器查询与解码函数、越障模块动作控制函数、运动状态检查函数。函数功能与原型声明如下：

　　• bool SetRobotMotion（long Motiontype，long Motiondata，bool Motionid，int Motionsn）

　　功能：用于自主控制中，在进行机器人外部环境辨识与状态检查生成机器人运动规划序列之后，根据机器人动作序列编号、运动控制类型（如夹爪控制 Fswap，质心调整 Amass 或后臂举升 Blift 等）及动作数据与方向进行机器人单元动作控制。

　　• void SetPan_Tilt（int CameraID，int PosID）

　　功能：用于在进行环境辨识或运动规划时，根据摄像机 ID（如云台摄像机 EyeCamera、手臂摄像机 FDnCamera 等）和所需的摄像机视角 ID（如预置位 POSI_1、预置位 POSV_U 等），进行摄像机切换和云台视角调用函数。

- void GetSensorData（long SensorID）

功能：用于获得机器人运动规划时所需的当前姿态或状态信息，根据传感器 ID（如障碍传感器 ObjectSensor、后臂旋转 BrevoSensor、电源电压 VoltSensor 等）获取传感器数据的函数。

- bool SetTask（long ObjectType，long OpenAngle，long LiftData，bool Motionid，int TaskSN）

功能：地面基站监控机器人局部自主控制下的越障模块运动控制函数。根据环境辨识得到的障碍类型（如防振锤 Damper、线夹 Clamper等）、机器人手臂避障关节运动数据（如手臂旋转角度 OpenAngle、手臂抬起高度 LiftData 等）、机器人运动方向及当前越障的序列号，控制机器人自动越障。

- bool SetHandShake（long StartID）

功能：用于设置与机器人的握手协议或执行紧急停车控制函数。通过设置该函数向机器人发出地面基站就绪的信号，并与机器人建立无线连接。根据使能功能 ID（如启动握手 Start、紧急停车 EStop 等），通知机器人执行无线连接或紧急停车。该函数可用来进行机器人通信故障的检查和机器人运行状态的诊断。

- bool StateCheck（long &Motiontype，bool &ActId，bool &ActState）

功能：动作状态查询函数，执行机器人各关节动作完成状态的检查。根据输入所需查询的运动类型（如夹爪控制 Fswap、质心调整 Amass、后臂举升 Blift 等）及运动标识 ActId，返回机器人动作是否完成的信息 ActState。用于在机器人运动规划时，查询上一步关节运动是否完成，以此来推理下一步的运动指令或进行机器人的故障诊断。

- bool SensorDecode（long &SensorID，double &Sensordata，bool &IOdata）

功能：传感器数据解析函数，将机器人的反馈信息转换成机器人姿态或状态的数据，提供给运动规划模块进行信息融合。根据机器人无线传输的反馈信息，返回由传感标识 SensorID 所规定的模拟量数据 Sensordata（如倾角传感器 SlopeSensor、后臂转角位移 BrevoSensor 等）、数字量数据 IOdata（如遇障传感器 ForeInside 等）及机器人在输电线上行走的定位信息。

d. 抓线控制软件设计。

抓线控制模块包括机器人的运动及动力学方程和运动控制算法两部分。轮臂抓线过程中，根据图像空间的误差数据编写控制算法产生优化的运动控制量。

e. 数据库软件设计。

数据库模块存储了各功能模块所需的数据信息，主要包括机器人的建模模型库、机构的运动学模型库、机器人运动模式的单元动作模块库、输电线路结构数据库、缺陷图像或运动监控采集图像库、线路标准缺陷数据库及机器人运动状态数据库。

⑤ 通信协议设计。

通信协议包括地面基站到机器人与机器人到地面基站两个方向的指令交互，主要包括地面基站与机器人的握手协议、急停指令、控制指令、查询指令、动作状态反馈指令及数据反馈指令等。其中握手协议在机器人与地面基站部分是一致的，用于开机启动时连接的建立和通信中断后的自动搜索。急停指令采用特殊格式，具有最高的优先级，以达到在紧急情况下立即终止机器人运动的目的。其他协议用来进行地面基站与机器人之间的控制数据与反馈信息的交互。

通信协议采用 15 位字符格式，首位表示指令起始标识字符，当检测到该字符时表明一条完整指令的开始。末位为终止标识符，表明一条完整指令的结束。第 2 位表示控制类型标识，包括调试命令、行走控制、单元动作、自动越障、摄像机、传感器、复位与急停协议代码。第 3 位与第 4 位组合表示控制目标，主要包括电动机标识码、行走模式、越障方向、摄像机 ID 及手臂 ID 等信息。第 5 位与第 6 位组合表示运动标识，主要包括电动机控制模式、手臂运动类型、障碍 ID、云台控制 ID 及传感 ID 信息。在地面基站到机器人的控制协议中，第 7 位到第 12 位表示控制数据，包括期望电机码盘数、行走速度、夹紧电流、举升距离及旋转角度等；在机器人到地面基站的反馈协议中，该 6 位表示传感数据，包括倾角、电压与电流、举升位移、旋转角度等。在地面基站到机器人的控制协议中，第 13 位与第 14 位组合用于校验标识，判断指令格式是否完整，如果校验失败，需要重发；在机器人到地面基站的反馈协议中，该两位组合表示动作状态信息，包括运动失败、运动完成及状态错误。

5.3 能源供给系统设计

目前攀爬机器人所需能源主要为电能，利用电能驱动控制系统及运动执行机构实现攀爬越障。地面监控设备不需要高空作业，可采用汽油发电机、柴油发电机、车载电瓶、地面电力接口等多种供电方式，不再赘述。

由于需要离地高空作业，攀爬机器人本体的电能供给可分为三种主要方式：机器人携带铅酸电池或锂电池直接供电；机器人安装太阳能电池板和蓄电池供电；机器人携带取电设备和蓄电池在特殊环境中兼容环境取电。

5.3.1 蓄电池直接供电系统

大部分研究机构的攀爬机器人均采用电池直接供电系统进行机器人的能源供给，这也是其他两种供电方式的基础。铅酸电池由于体积大、质量大、实用性差，多用于机器人前期的实验室测试。攀爬机器人具有轻量化需求，为了减小机器人质量，采用高密度的锂电池为机器人提供电能，具有更好的实用性和可行性。高密度锂电池具有体积小、容量密度高、安全等特点，广泛用于机器人、无人机等智能设备。

机器人电池直接供电系统可分为统一供电和分层供电两种模式，如图 5.20 所示。机器人电池直接供电系统需要具备转压、稳压、开关、过流保护和电池低电预警等功能，因此系统由低电报警器和控制板组成。

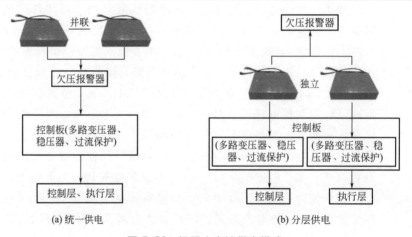

图 5.20　机器人电池供电模式

低电报警器采用电池电压报警模块，要能够实时采集每个电芯电压，当任意一个电芯电压低于预设警戒值时，报警器蜂鸣或直接发送信号至机器人计算机系统，机器人计算机系统将信号发送至地面监控设备，由操作工人操控机器人停止工作或机器人开始返程。

控制板一般为自主设计，主要安装多路变压模块、稳压模块和过流保护模块，将电源电压转换至计算机、传感器、控制器、运动执行电动机所需电压。

统一供电模式时机器人携带的锂电池并联，根据机器人预估总功率和工作需求时间来选择并联电池组的总容量。低电报警器采集并联电池组内各电芯电压后，连通控制板上各变压、稳压、过流保护元件，为机器人控制层和执行层统一供电，如图5.20(a)所示。统一供电模式相对简单、便于设计，但由于机器人控制层计算机对供电电压的精度要求高，因此控制板中各变压、稳压等电路设计要求高，成本也较高。

分层供电模式时机器人携带的锂电池并联成两个电池组，且两个电池组相互独立，分别向机器人控制层和执行层供电，根据控制层和执行层各自功率和机器人运行时间选取两个电池组的容量。低电报警器采集并联电池组内各电芯电压信息。在控制板上分别设计控制层和执行层的供电变压、稳压、过流保护电路，如图5.20(b)所示。分层供电模式相对复杂，但可以根据需求满足控制层计算机对供电电压的精度要求，执行层对供电电压精度需求较低的可采用相对简单的变压、稳压、过流保护电路设计方案，同时降低成本。

5.3.2 太阳能电池板和蓄电池供电系统

考虑到攀爬机器人脱离地面环境的作业特点和轻量化的设计需求，为解决机器人续航能力和蓄电池质量的矛盾，实现攀爬机器人的全天候自主作业，可以考虑在机器人本体上安装太阳能电池板和在空间中继环境中设置太阳能储电系统两种方案为机器人供电。

方案一：机器人本体安装太阳能电池板

机器人本体安装电池板，太阳能电源经过充电电路和脉冲保护单元向蓄电池充电，电流传感器、电压传感器和单片机组成电源电量检测与管理单元，实现对太阳能取电电量、蓄电池剩余电量、各用电单元的电量消耗等进行实时检测和对剩余电量的工作时间进行预测，其结果可分别由通信装置传输到地面基站或发送至机器人计算机，由地面操作人员或机器人计算机做出控制决策。

高压线路巡检机器人采用机器人本体安装太阳能电池板的设计方案[5]，如图5.21所示。机器人采用36V、40A·h的锂电池，太阳能电源包括40块太阳能板，其中20块太阳能板布置在控制箱的两侧，另外20块布置在机器人两翼板上。不需要充电时，两块翼板置于控制箱的底部；需要太阳能取电时，翼板展开。翼板的伸缩运动由运动控制器执行机构实现。蓄电池剩余电量用蓄电池当前电压值来表征。根据电池放电特性（电压-时间特性曲线）来预测剩余电量的工作时间。

云台摄像机
太阳能板

太阳能翼板

图 5.21　安装太阳能电池板的攀爬机器人样机

在机器人本体上安装太阳能电池板能够提高攀爬机器人的续航能力，提供了一种能源供给解决方案，但由于搭载在机器人上的太阳能板重量较大，机器人重量大幅增加，限制了该方案的实用性。

方案二：中继环境中设置太阳能储电系统

为减小攀爬机器人所搭载供电系统的质量，可在机器人工作环境中设置中继电源为攀爬机器人充电。对于工作在野外高空环境的攀爬机器人，可以在其工作路径中设置太阳能储电系统，当机器人运行至储电系统所在位置时，通过机器人本体携带的充电头与储电设备充电插座对接，实现机器人工作环境中的实时充电，提高机器人续航能力及环境适应能力。该能源供给方案需要综合考虑机器人本体蓄电池容量、机器人能耗速度、太阳能储电系统蓄电能力、储电系统布置间隔、架空环境是否允许布置太阳能储电系统、机器人自主架空环境充电头自主对接等问题。

文献［6］中介绍了一种输电线巡检机器人的自主充电对接控制方法，提出了一套基于坡度信息位置反馈粗定位、图像视觉伺服精定位、压力传感器反馈对接状态的攀爬机器人自主充电对接控制方法，并进行了实际线路验证。但未见后续其在高压输电线环境中设计太阳能储电系统提高续航能力方案的实际应用。

用太阳能电池板为机器人本体或中继供电系统提供能源，能够一定程度上解决攀爬机器人的能源供给问题，但还存在不足——长时间阴雨天气可能导致充电控制器无法启动。目前所有的充电控制器都是由蓄电池供电，当蓄电池电压过低时，充电控制器就会停止工作，在秋冬季节长时间阴天和光伏板覆冰、覆雪等光照不足的情况下，蓄电池电能将耗尽，即便过后光照充足，充电控制器也无法为蓄电池充电。覆尘降低了光伏板取电效率。光伏板长期暴露在野外，表面覆尘越积越厚，将导致光伏板取电效率逐步降低，造成蓄电池长期欠充，一旦遇到长时间阴天或雪覆冰，更易出现上述问题。

5.3.3 电磁感应供电系统

电磁感应取电方案是指攀爬机器人利用自身携带的电磁感应设备，通过感应架空输电线路周围产生的交变磁场，在其感应设备内产生感应电流，实现电能获取。

目前感应取电后为机器人供电有以下两种发展方向。

① 不含蓄电池，将感应获取的电能直接供给至机器人设备。这种方式提取的电能存在较大的电压波动，不适合用来直接为对电压精度要求较高的机器人控制系统供电。由于高压线路输送电流随时间或季节的变化较大，这种方式研究主要以解决高压线路较宽电流范围内输出稳定电压源为目标，取电输出功率较小。

② 以蓄电池为储能元件，以给蓄电池设备补充能量为目的。蓄电池可以直接安装于机器人本体上，也可以作为中继站安装于线路杆塔上，为机器人提供中继充电服务。感应取电后给蓄电池充电，蓄电池储能后为攀爬机器人提供稳定的电能供给。这种方式更适合应用在攀爬机器人上。

高压输电线路感应取电可分为导线感应取电和地线感应取电两种情况。

导线感应取电的工作原理如图5.22所示[7]。当输电高压线通过交变大电流时，其周围产生交变磁场，经过铁芯和线圈组成的换能器后，在感应线圈两端产生感应电动势；再经过整流桥，将交流电转换为直流电，实现给蓄电池充电。感应取电电源的形式类似于交流互感器，但区别在于次级绕组并非短路，而是串接了负载电路。

地线感应取电的工作原理如图5.23所示[8]。根据麦克斯韦原理，导线上流过交变电流时会在空间产生交变磁场，而该交变磁场切割由两根防雷地线和铁塔组成的空间闭合平面时，会在该平面上产生出感应电动势，一旦该平面的导电体形成环路，则会在该平面上形成感应环流，如图5.23所示。利用感应环流为蓄电设备充电，可实现高压输电线路的地线在线取电。

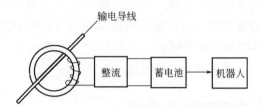

图 5.22   导线感应取电的工作原理

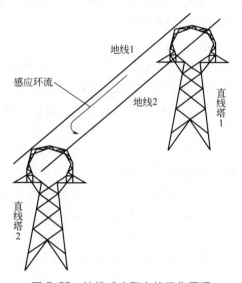

图 5.23   地线感应取电的工作原理

地线磁场感应耦合电源设备的安装原理如图 5.24 所示,分别给出了地线采用逐塔接地方案和单点接地方案时的电源设备安装方案。图 5.24(a) 中取电设备所取的是由直线塔 1、地线 1、取电设备、直线塔 2 和地线 2 构成环路的电能,地线主体结构串接取电设备后发生了改变。图 5.24(b) 中所取的是地线 2、耐张塔 1、地线 1、取电设备、直线塔 2 和短接线构成环路的电能,地线主体结构没有改变。

目前机器人搭载锂电池直接供电是攀爬机器人设计的主流方向,但受到电池容量密度低的限制,导致机器人续航能力差或本体质量过大。中继取电方案可以减小机器人质量、提高机器人环境适应能力和工作可行性,是未来的发展方向。但目前攀爬机器人的研究主要集中在机械结构和控制系统的设计,鲜见设置中继储能系统在攀爬机器人实际工作中的应用,相关方案还处于理论分析和实验室理论验证阶段。在工作环境中布置储能系统涉及对工作环境的改造,还需进行人-机-环境共融技术的深入研究。

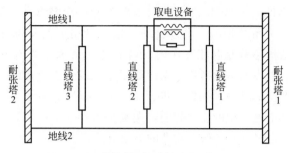

(a) 地线逐塔接地取电设备安装方案

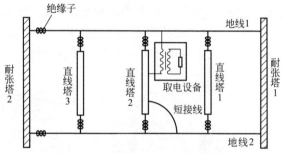

(b) 地线单点接地取电设备安装方案

图 5.24　地线磁场感应耦合电源设备的安装原理

5.4　电力输电环境和电磁兼容设计

5.4.1　电力输电环境简介

　　输电线路巡检作业是攀爬机器人的典型应用，有必要了解电力输电系统的电磁环境并进行机器人的电磁环境适应性研究，提高机器人的实用性。当电子、电气设备运行时发射出的电磁能量影响到其他设备正常工作时，我们就说产生了电磁干扰效应，简称为电磁干扰。电磁干扰会对电子设备或系统产生影响，尤其是对包含半导体器件的设备或系统产生严重的影响。强电磁发射能量使电子设备中的元器件性能降低或失效，最终导致设备或系统损坏。例如，强电磁场可使半导体结温升高，击穿PN结，使器件性能降低或失效；强电磁脉冲在高阻抗、非屏蔽线上感应的电压或电流可使高灵敏部件受到损坏等。历史上已经出现多次由电磁干扰引发的系统故障，如 1969 年 11 月 14 日土星 V-阿波罗 12 火箭诱发雷击事件、1971 年 11 月 5 日欧罗巴 Ⅱ 火箭爆炸事件等。

电力系统是由一次设备和二次设备组成的特殊的电磁环境，其中存在多种电磁骚扰和相互作用。当前电力系统正朝着电压等级更高、容量更大、电力网络更密集、系统更复杂、设备更先进的方向发展，导致电力系统产生的电磁干扰更严重、更复杂。以固态电子为基础的攀爬机器人系统耐受电磁干扰的能力较弱，尤其是机器人中心控制系统容易受电磁环境影响，已经受到各研究学者的广泛关注。

输电线路巡检机器人需要在超高压输电线路的架空地线上行走作业，超高压输电线路运行过程中，在其线路附近会形成很强的工频电磁场（50Hz），如图 5.25 所示。为使巡检机器人能够正常作业，必须考虑上述电磁场的影响，解决机器人超高压环境中的电磁兼容问题。

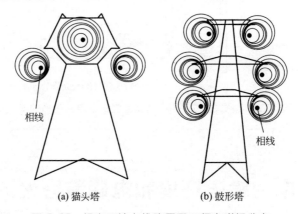

(a) 猫头塔　　　　　　(b) 鼓形塔

图 5.25　超高压输电线路周围工频电磁场分布

5.4.2　电磁兼容设计

电磁兼容性（Electromagnetic Compatibility，EMC）是研究电磁环境（指存在于给定场所的所有电磁现象的总和）的学科，所以又称环境电磁学。按照国际电工委员会（International Electrotechnical Commission，IEC）的定义，电磁兼容性是指设备或系统在其电磁环境中能正常工作，且不对该环境中的任何事物构成不能承受的电磁干扰的能力[9]。

电磁屏蔽技术是用来抑制电磁干扰沿空间的传播，即切断辐射干扰的传播途径。其实质是将关节电路用一个屏蔽体包围起来，使耦合到这个系统的电磁场通过反射和吸收被衰减。

　　根据法拉第电磁屏蔽原理，采用添加屏蔽层的方式实现机器人主要控制部件的电磁屏蔽。各种屏蔽体的性能均用屏蔽效能来定量评价。屏蔽效能的定义为空间某点上未加屏蔽时的电场强度（或磁场强度）与加屏蔽后该点的电场强度（或磁场强度）的比值，其单位为分贝（dB）。衰减量与屏蔽效能的关系如表 5.6 所示，不同用途的机箱对屏蔽效能的要求如表 5.7 所示。

表 5.6　衰减量与屏蔽效能的关系

无屏蔽场强	有屏蔽场强	屏蔽效能/dB
10	1	20
100	1	40
1000	1	60
10000	1	80
100000	1	100
1000000	1	120

表 5.7　不同用途的机箱对屏蔽效能的要求

机箱类型	屏蔽效能/dB
民用产品	<40
军用产品	60
TEMPEST 设备	80
屏蔽室、屏蔽舱	>100

　　金属板的屏蔽效能 S(dB) 为[10]：

$$S = A + R + B \tag{5.7}$$

　　式中，A 为金属板吸收损耗，dB；R 为金属板反射损耗，dB；B 为金属板内部多重反射损耗，dB。

　　A 的计算公式为：

$$A = 0.131t\sqrt{f\sigma_r\mu_r} \tag{5.8}$$

　　由于输电线巡检机器人与高压输电线路相线距离较近，因此仅考虑金属板反射损耗的近场反射损耗。当屏蔽金属板处于近场区时，对于磁场源的反射损耗 R_m 和对于电场源的反射损耗 R_e 分别如下：

$$R_m \approx 14.56 + 10\lg\frac{\sigma_r r^2 f}{\mu_r} \tag{5.9}$$

$$R_e \approx 321.7 + 10\lg\frac{\sigma_r}{f^2 r^2 \mu_r} \tag{5.10}$$

$$R = R_m + R_e \tag{5.11}$$

B 的计算公式为：

$$B=20\lg\left|1-10^{-0.1A}\left[\cos(0.23A)-\mathrm{j}\sin(0.23A)\right]\right| \qquad (5.12)$$

式中，f 为频率；t 为金属板厚度；μ_r 为金属板相对磁导率；σ_r 为金属板相对电导率；r 为干扰源与金属板的距离。

在高压的环境中金属板的屏蔽效果主要取决于金属板的吸收损耗，选择铝（$\sigma_r=0.61$）或铜（$\sigma_r=1$）作为电场屏蔽材料，镍钢（$\mu_r=80000$）作为磁场屏蔽材料，将机器人的控制器用铝板、铜板和镍钢片进行包裹，同时控制系统电路的接地端与屏蔽层短接，不仅可以电磁屏蔽，同时抑制了电路系统中的共模干扰。

机器人控制系统屏蔽层外壳体与架空地线短接，做到与架空地线等电位，防止机器人与架空地线间产生较大电势差（雷击、电涌时）并击穿，损坏机器人控制系统和输电线路设备。机器人本体所用采用编织丝网和金属箔组合封装屏蔽的线缆，防止在机器人线缆内产生干扰电压，影响机器人正常工作。

参考文献

[1] Ramadge P J, Wonham W M. Supervisory control of a class of discrete event processes[J]. SIAM J. Control and Optimization. 1987, 25(1): 206-230.

[2] 徐心和, 戴连平, 李彦平. DEDS 监控理论的最新发展[J]. 控制与决策, 1997, S12: 396-402.

[3] 郑大钟, 赵千川. 离散事件动态系统[M]. 北京: 清华大学出版社, 2000.

[4] Akesson K, Jain S, Ferreira P M. Hybrid Computer-Human Supervision of Discrete Event system[C]. IEEE international conference on robotics and automation. Washington, DC, USA. 2002: 2321-2326.

[5] 徐显金. 高压线路沿地线穿越越障巡检机器人的关键技术研究[D]. 武汉大学, 2011.

[6] 吴功平, 杨智勇, 王伟, 等. 巡检机器人自主充电对接控制方法[J]. 哈尔滨工业大学学报, 2016, 48(7): 123-129.

[7] 李维峰, 付兴伟, 白玉成, 等. 输电线路感应取电电源装置的研究与开发[J]. 武汉大学学报（工学版）, 2011, 44(4): 516-520.

[8] 樊海峰, 杨明彬, 张仲秋, 等. 基于 330kV 架空地线磁场感应耦合的巡检机器人电源研制[J]. 电气应用, 2016, 35(8): 80-85.

[9] 王洪新, 贺景亮. 电力系统电磁兼容[M]. 武汉: 武汉大学出版社, 2004.

[10] 杨显清, 杨德强, 潘锦. 电磁兼容原理与技术[M]. 北京: 电子工业出版社, 2016.